总主编◎刘德海

人文社会科学通识文丛

关于**经典建筑**
的**100个故事**

100 Stories of
Classical
Architectures

金宪宏◎著

南京大学出版社

图书在版编目(CIP)数据

关于经典建筑的 100 个故事 / 金宪宏著. —— 南京：南京大学出版社，2017.8（2020.8重印）

（人文社会科学通识文丛）

ISBN 978 - 7 - 305 - 19157 - 2

Ⅰ．①关… Ⅱ．①金… Ⅲ．①建筑－青少年读物 Ⅳ．①TU－49

中国版本图书馆 CIP 数据核字（2017）第 179612 号

出版发行　南京大学出版社
社　　址　南京市汉口路 22 号　　　　邮　编　210093
出 版 人　金鑫荣

丛 书 名　人文社会科学通识文丛
总 主 编　刘德海
副总主编　汪兴国　徐之顺
执行主编　吴颖文　王月清
书　　名　**关于经典建筑的 100 个故事**
著　　者　金宪宏
责任编辑　田　甜　官欣欣　　　　　编辑热线:025 - 83593947
照　　排　南京南琳图文制作有限公司
印　　刷　江苏凤凰通达印刷有限公司
开　　本　787×960　1/16　印张 16.5　字数 305 千
版　　次　2017 年 8 月第 1 版　2020 年 8 月第 2 次印刷
ISBN 978 - 7 - 305 - 19157 - 2
定　　价　35.00 元

网址：http://www.njupco.com
官方微博：http://weibo.com/njupco
官方微信号：njupress
销售咨询热线：（025）83594756

建筑背后的故事更美

　　金字塔、孟农神像、拉利贝拉岩石教堂、巴比伦空中花园、故宫、泰姬·玛哈尔陵、美泉宫、埃菲尔铁塔、悉尼歌剧院……

　　这些世界经典建筑都是时空的留影，记录着往者和来者在世间的痕迹，一石一梁、一砖一瓦都镌刻着人类的天性。

　　它们之所以会名扬四海，必然有其独特之处，正如同一个人，若无半分优点，又怎能吸引别人的靠近呢?

　　在这些建筑中，不乏历史悠久的名作，如古代的"世界七大奇迹"，也有现代人不甘寂寞，搞出的"新世界八大奇迹"，还有一些以造型优美见长的建筑物，如欧洲的几大皇宫、世界著名的教堂和清真寺。它们不仅外形美观，而且内部装饰十分精巧，如七彩玻璃窗、精美壁画、挂毯和吊灯等，无不从细节方面让人们感受到建筑师的用心良苦。

　　不过，本书并不以上述分类去分章，原因在于，笔者觉得建筑与人一样，有其外在的名气、"容颜"和内涵。当我们听说一个人很有名，或者看到他颜值高时，确实会心生欢喜之情，但是这些只是暂时的吸引而已，并不能让我们发自内心地想靠近。而内涵才是维持一个人长久魅力的所在，建筑物也一样，在它们美丽壮观的外表下，藏着各自的故事，我们唯有读懂了这些故事，才会深深地感受到它们身上的时代气息，才会明白历史的光荣、沧桑和遗憾，而此时，建筑已经扎根于我们的心底,它们留给我们的记忆挥之不去。

建筑乃是人造,便被建造者赋予了各种人性,如贪婪、渴望、善良、武断、失望、叛逆……它们绝非凭空造就,总要有一些原因促使它们从平地上崛起,而这些背后的故事,如一个个历史的谜题,如今被抽丝剥茧,一一呈现在读者面前。

世界上的第一座神庙为什么成了废墟?以浪漫著称的金门大桥为什么成了众矢之的?伦敦塔桥怎么跑到美国去了?悉尼歌剧院为何会引发一场轩然大波?

每一个经典建筑的背后,都有一个传奇故事,有的令人愤慨,有的催人泪下,有的发人深省,有的让人心生遗憾……可是,我们无法参与其中,只能在千百年后从字里行间还原一些当年的情景,来体会一下世间曾经有过的心情。

这是一本关于世界经典建筑背后故事的书,也是一本百科全书式的建筑普及书。你可以沿着从古代的砖石木材结构到当今玻璃和钢结构的一百个建筑景观,一路体验古希腊、古罗马的多立克柱式建筑风格,中古时代的哥特式建筑风格,文艺复兴的巴洛克、洛可可建筑风格,以及中国古代以木结构为特色的独立建筑风格。

更重要的是,阅读本书会产生一种旅行的印象。精美的图片伴随睿智机敏的文字,会让你穿越时空,捕捉到以前没有察觉的细节,或者可以轻松地发现一个陌生的地点,决定某一天去探访。

吹走砖瓦上那些时光的尘

我喜欢旅游,而且喜欢挑人少的时候去。

背着沉重的单反相机将沿途的景致记录下来,脸上不仅没有一丝疲惫感,反而充满着欣喜之情。

说到旅游,无外乎两种类型:一种是人文景观的游览,一种是自然风光的赏阅,两者各有特色,我都不会错过。有时我会去观摩规模宏伟的史诗建筑,有时也会去一些古老的村落采风,那些遗留了千百年的城墙砖瓦无一不透露出一股沧桑的气息,我惊喜地两眼放光,小心翼翼地打量着上面翠绿的青苔,生怕打破了那一砖一瓦的神秘。

我喜欢这些看起来已经不再光鲜亮丽的建筑,纵然有些已经摇摇欲坠,可在它们身上却凝聚着悠久的时光,时间变成了固态的砖、固态的瓦,让我知晓在几百年、几千年前的时候,曾经发生了一些什么事情。

就如同一位耄耋老人,他步履蹒跚、思维缓慢,可是凝聚在他身上的,是将近一百年的时光,如果可以写成书的话,将是厚厚的一本巨著了。

我行走过很多地方。

台湾当地就有着众多的知名建筑,每当有远方的朋友来做客,我都会带着他们畅游 101 大楼和台北"故宫",或者去屏东观看有着一百多年历史的鹅銮鼻灯塔,让他们感受一下台湾这个热带岛屿特有的风情。

在乌镇,我见过曾经的地主大户沦为精打细算过日子的平民之家,屋主很遗憾地告诉我,他这里还没有被开发,所以只能自己收门票,一元人民币一位。

两层木制小楼,屋后有一个小花园,不到两分钟的时间就能看完,看着屋主绞尽脑汁地谋求生财之道,我感到一丝世事变迁的悲凉。

在青岛,夏末走在林荫浓郁的小径上,旁边就是红瓦白墙的殖民地建筑,感受着海风从不远处带来的一丝咸腥气息,心里不禁赞叹起几十年前那些达官贵人的独到眼光。

在贵州,因为得悉一个苗寨毁于大火,我赶紧前往黔东南参观西江苗寨,打趣道:"再不去看,以后着火了怎么办?"可惜的是,为了防止火灾,当地已经将华南流行的吊脚楼全部改成了封闭楼房。

有一个朋友特别喜欢东南亚,他说,当他来到吴哥窟前,看着那些黑色的石头在偏僻幽静的绿林中矗立,忽然就似触摸到了一千年的古老时光,那一刻,他竟泪流满面。

还有一个朋友受韩国综艺节目的启发去了伊斯坦布尔,看电视时,她一直不明白为何那些艺人在参观圣索非亚大教堂时会哭,而当她亲自来到此处,仰头凝望圣人慈祥的面容时,居然泪水也止不住地夺眶而出。

其实,世界那么大,早就应该出去走一走。

我是特立独行侠,专挑别人很少去看的建筑看,在埃塞俄比亚,我参观了一个庞大的地下教堂群落;在阿根廷,居然发现一座庞大的玫瑰色宫殿,粉红的外观如同少女娇羞的容颜,让我都看得呆了。所有流传下来的建筑,年代都是久远的,有的甚至长达几千年,我相信当我们仰望那些建筑的时候,就如同在看古老的过去一样,心中充满了敬畏。

时间虽然会流逝,可是它总会给我们留下点什么,在那砖瓦、墙楼之间,总会以它的方式来告诉人们,在漫长的岁月里,这里究竟发生了什么。

目　录

第二章　美好的不只是建筑

第三章　让遗憾留在岁月中

第四章　失误带来的惊人结局

第五章　叛逆的另一种表现形式

第一章

把野心用砖石砌起来

埃及金字塔是不是外星人建造的？

　　1798年5月，拿破仑率400艘战舰一路南下，先占据了地中海的马耳他岛，随后仅用了两个月的时间就占领了埃及的亚历山大港。

　　拿破仑非常高兴，他骑在马上挥舞着战刀，斗志昂扬地大喊："勇敢的士兵们，随我一起向着埃及内陆前进吧！"

跨越阿尔卑斯山圣伯纳隧道的拿破仑

　　很快，法国军队便发现了一种非常奇特而宏伟的建筑，那就是金字塔，这个底座呈四方形，头顶尖尖的陵墓让不可一世的拿破仑大感惊奇。

　　刚进入埃及时，拿破仑还有点瞧不起埃及人，但眼下，看到了那么多金字塔，尤其是开罗附近三座最大的金字塔后，他的想法开始改变了。

　　他吩咐军队中懂得勘测的人："去统计一下，埃及三座最大的金字塔需要多少石块！"

　　他的属下不敢怠慢，立刻展开了调查。

　　数周之后，结果令拿破仑大吃一惊！

　　原来，如果把胡夫、哈夫拉和孟考拉这三座大金字塔的石块加在一起，可以筑一道三米高、一米厚的石墙，沿着整个法国国界围成一圈！

　　而这些石块虽然取材于附近的开罗和阿斯旺这两座城市，却需要至少五千万的人力，可是在金字塔建造之初，全世界的人口也只有两千万啊！

　　更令人瞠目结舌的是，埃及境内共有九十六座金字塔，古希腊作家希罗多德说过，造一座金字塔需要三十年，那么等这些金字塔造完，岂不是要花掉两三千年的时间？埃及有这么多钱和人力供法老消耗吗？

　　"太不可思议了！"拿破仑啧啧称奇，感叹道，"一定是有天神在相助啊！"

　　没过多久，天神就让拿破仑吃到了苦头：法国陆军虽占领了整个埃及，海军却被埃及全歼，随后，埃及人积极反抗法国侵略军，让拿破仑元气大伤。

　　第二年，反法同盟军再度侵入法国境内，迫于无奈的拿破仑只好从埃及撤退，灰头土脸地回国了。

临走前，拿破仑走进了金字塔，出来之后他脸色发白并且全身颤抖，拒绝向随从透露相关的事情，有人猜测拿破仑进入金字塔之后可能看到了自己的未来。

转眼间，几百年过去了，现代科学家也对金字塔进行了一番探测，而且得到的结果比拿破仑的更加出乎人意料。

当时古埃及人为法老建造这一奇观时，他们并不会使用铁器，也没有车轮或滑轮的知识，并且至今也没有发现任何关于金字塔建造方法的纪录。更神奇的是，金字塔外壁全是石块，石块连接没有丝毫黏着物，相互间连接紧密，甚至连一张纸也插不进去。

法国科学家约瑟·戴维杜维斯认为，金字塔上的巨石不是天然石块，而是用石灰和贝壳经人工浇注混凝而成的，其方法类似今天浇灌混凝土。

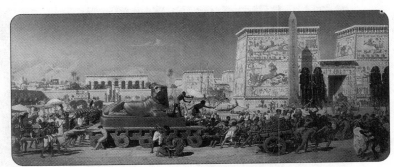

古埃及人创造了辉煌的文明，其中就包括建造了金字塔

这一说法也可以用来解释金字塔石块之间为什么会吻合得如此紧密。但是，这样的高超技术，以现代科学技术进行制作也须十分认真，精确计算，才有可能达到。可是，在公元前 2600 年竟能达到如此程度，实在令人迷惑不解。

不仅如此，人们还发现了胡夫大金字塔包含着许多数学上的原理。比如，胡夫大金字塔底角不是 60°，而是 51°51′，从而发现每壁三角形的面积等于其高度的平方；塔高与塔基周长的比就是地球半径与周长之比，因而，用塔高来除底边的两倍，即可求得圆周

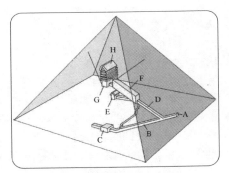

胡夫大金字塔结构透视图：A. 入口
B. 梯形走廊 C. 地下室 D. 上升通道
E. 王后墓室 F. 大长廊 G. 国王墓室
H. 重力缓解室

率；其底面正方形的纵平分线一直延长，就是地球的子午线，它正好把地球的陆地海洋一分为二；塔高乘以十亿就等于地球与太阳之间的距离……

　　在考古学界,关于金字塔的建造方法主要有两种观点,它们都源自史书记载。一种观点认为,古埃及人使用了一种类似桔槔的起重设备,将巨大的石块一层层堆砌起来。桔槔是一种现在仍在使用的基于杠杆原理的汲水工具。另一种观点认为,古埃及人建造了一个坡道,这个坡道与金字塔的一个面垂直,巨石是经由坡道运送上去的。

　　可是,现代人经过研究发现,以上的建造方法根本不可能实现。

　　于是,金字塔的存在挑战着后人的智慧:古埃及人究竟是怎样将它建造起来的? 千百年来,各种稀奇古怪的答案被人提出,甚至有人认为是外星人帮了忙。

　　然而,外星人为什么要帮助埃及人呢? 至今,这些谜题仍没有解开。

在吉萨的沙漠中,矗立着世界上保存最完好也最古老的金字塔群

金字塔档案

属性:埃及法老陵墓。

时间:公元前 3000 年起建。

数量:96 座,迄今发掘七十多座。

外形:底座是方形,共有四个三角形侧面,看起来似一个汉字"金",而在埃及人心中,这种形状如同太阳的光辉,可以带着灵魂升入天空。

作用:可让法老的灵魂通往天上。

最大的金字塔:胡夫金字塔,高 146.59 米,顶部因风化剥落,现高 136.5 米,相当于 40 层大厦那么高。

阶梯金字塔:左塞尔金字塔,它的外壁不是光滑的直线,而是形似六级阶梯,高 62 米,周围还有石灰岩围墙,高 10 米。

弯曲金字塔:法老萨夫罗在位时所建,高约 105 米,当建到一半时,塔身突然向内弯折,于是远远望去,该金字塔的四面就是弯曲的。

红色金字塔:萨夫罗的另一座金字塔,底部是边长约 220 米的正方形,高 104 米,因采用红色石灰建造,外形上呈现红色。

狮身人面像的鼻子去哪里了?

提起金字塔,人们必然会想到狮身人面像,这两种建筑就如同两兄弟一样,成为埃及的象征。

狮身人面像位于埃及第二大金字塔哈夫拉金字塔的旁边,头戴皇冠,额上刻着"库伯拉"圣蛇浮雕,下巴上还挂着五米多长的胡须,如果有人能从空中俯瞰它,一定会觉得它非常雄伟。

狮身人面像是怎么来的呢?很多年来,科学家一直在为其出生年份费尽思量。

一种说法是公元前 2610 年,埃及法老哈夫拉来到自己的金字塔边,左右巡视了一番,甚感满意,正当他想回去时,忽然发现采石场还有一块巨石没有被利用,便命令石匠:"给我造一个斯芬克斯,但是脸要雕成我的模样!"

石匠赶紧照做,于是有了狮身人面像。

科学家对这种说法提出抗议:一个尊贵的法老,用得着自己守护自己的陵墓吗?所以这狮身人面像根本就不是哈夫拉建的!

他们根据这尊巨像所受洪水的侵蚀程度推测,石像被建于 7000—9000 年前,可是他们也只是猜想,并没有确凿的证据。

无论如何,狮身人面像是颇受众人崇拜的,可是如今它却没有了鼻子,而它的鼻子并非大自然风化掉的,难不成还有人敢对它"动手"吗?

一种至今广为流传的说法是,1798 年拿破仑侵略埃及时,看到狮身人面像庄严雄伟,仿佛向自己"示威",一气之下,命令部下用炮弹轰掉了它的鼻子。可

斯芬克斯最初源于古埃及神话,被描述为长有翅膀的怪物,通常为雄性。到了希腊神话里,斯芬克斯却变成了一个雌性的邪恶之物,代表着神的惩罚。这幅《俄狄浦斯和斯芬克斯》是法国画家古斯塔夫·莫罗早期的代表作

是,这说法并不可靠,早在拿破仑之前,就已经有关于它缺鼻子的记载了。

还有一种说法是,五百年前,狮身人面像曾经被埃及国王的马木留克兵(埃及中世纪的近卫兵),当作大炮轰击的"靶子"。但那时也许已经负了"伤",挂了"彩",但鼻子没有掉。

那么,鼻子是怎么掉的呢?

相传,埃及法老对这尊石像特别恭敬,将其尊称为"太阳神",在每一年太阳神的诞辰都会来到石像旁,举行盛大的庆祝仪式。

然而,就在大家都对狮身人面像毕恭毕敬的时候,有一些反对者却不以为然,他们都是激进的无神论者,觉得对着一个石头每天拜来拜去的,简直太愚蠢了。

于是,他们就开始密谋毁坏这座石像,可是石像那么大,想彻底将它变得面目全非还是很有困难的,这时一个胡子拉碴,看起来脏兮兮的人说:"那就把石像的脸破坏,不就行了?"这个提议得到了众人的一致同意。

拿破仑在狮身人面像前

说实话,若是石像在建成之初,那帮反对者是不太可能搞破坏的,因为石像太高了,爬到上面去会有生命危险呢!

可是,风将沙漠中的沙吹向了金字塔,在漫长的岁月里,石像已经深陷在沙丘中,如今只剩脸还露在外面了。

这便给反对者们提供了机会。

在一个月黑风高的时刻,提议者爬上沙丘,来到狮身人面像巨大的石面旁,只见石像的鼻子都比人还高,那个提议者竟有些害怕和颤抖。

但他还是拿起镐头,狠狠地冲着石像的鼻子凿去。

在疯狂敲击了数十下后,石像的鼻子猛然断裂,向提议者砸来,那始作俑者来不及躲避,被"鼻子"撞下沙丘,一命呜呼了。

从此,狮身人面像就没有鼻子了,后来它脸上的胡须和圣蛇也不见了,只剩一个模糊的脸部,长年累月地屹立在沙漠之中。

狮身人面像和哈夫拉金字塔

狮身人面像档案

建造时间：不详，至少在 4600 年前。

高度：20 米。

身长：57 米。

脸部：脸长 5 米，单耳长 2 米，头戴"奈姆斯"皇冠。

颜色：科学家推测最初石像脸部为红色，眼皮涂有埃及经典黑色眼影，整个雕像色彩缤纷。

位置：坐落于埃及第一大金字塔胡夫金字塔的东侧。

所需人力：在古埃及，需要一百个工人花三年完成这座雕像。

建筑原型：希腊神话中的怪物斯芬克斯。据说，斯芬克斯由巨人与蛇所生，拥有人头、狮身和一双翅膀，它会拦截路人，要求对方回答谜语，答不出就要把人吃掉。结果它拦住了俄狄浦斯，问对方："什么东西早晨用四条腿走路，中午用两条腿走路，晚上却用三条腿走路。"俄狄浦斯说是人。

斯芬克斯气得掉入悬崖身亡。

记梦碑：位于石像两爪之间的一块石碑，记载了 3400 年前，石像托梦给托莫王子，请求对方将自己从沙土中刨出的故事。

遗憾：石像一次次被沙砾埋没，又一次次被清理，结果石像身上的表皮不断剥落，使得狮身人面像越来越"瘦"，如今依旧没有一个良好的方案来补救。

卡纳克神庙的方尖碑为何能屹立三千年?

从古至今,没有几个女人能登上九五至尊的位置。

即便她登上了,也得居于丈夫或儿子的身后,以谦卑的姿态来告诉大家:我是没有统治这个国家野心的!

为什么非得这样呢?

三千四百多年前,埃及皇太后哈特谢普苏特就越发感觉到不公平,她的丈夫从小就体弱多病,结婚没几年就病死了,于是国家大权落到了她的手上。要说她现在也跟皇帝差不多了,凭什么就不能当法老呢?

哈特谢普苏特像

可是为了顾及人民的感受,她不得不让自己的继子——一个不满十岁的男孩娶了自己的女儿,然后助其登上了王位,史称图特摩斯三世。

国王年幼,根本不懂国家大事,哈特谢普苏特仍旧掌有庞大的权力,她不甘心只拥有一个"皇太后"的头衔,干脆封自己为摄政王。

这时候的埃及停止了对外的侵略战争,转而关注起与邻国的商业往来,埃及因此变得十分富庶。哈特谢普苏特发财后和所有男性法老一样,也想着修太阳神庙,以便祈求神明来保佑自己。

于是,在当时的首都底比斯,她建了一座停灵庙。

停灵庙位于卡纳克神庙之中,在开罗以南七百公里处的尼罗河东岸,而卡纳克神庙是埃及历代帝王的神庙聚集之处,至今仍是埃及人的神圣所在。

可是,哈特谢普苏特的顺心日子没过几年,法老渐渐长大,居然开始跟母亲针锋相对起来,三番两次要求母亲将权力交出,甚至不惜用法老的身份来压制母后,把哈特谢普苏特气得火冒三丈。

哈特谢普苏特觉得自己作为实际上的一国之主,没必要受这个窝囊气,就大手一挥,把图特摩斯三世赶到卡纳克神庙,让堂堂一国之君当了一个小小的祭司。

可是自古以来就没有女子当法老的先例,她该怎么做才能堵得住悠悠众口呢?

卡纳克神庙柱殿复原图

哈特谢普苏特把主意打到神庙上去了,她在全国散布流言,说自己是太阳神阿蒙的女儿,让僧侣在停灵庙的石碑顶部放置很多金盘,每当太阳升起,金盘就会散发出耀眼的光芒,将神庙整个照得金碧辉煌,仿佛在发散着金光一样。

最后,哈特谢普苏特穿上男装,带上假胡子,让所有臣民尊称她为法老,终于一偿所愿。

为了感谢太阳神对她的帮助,新女王重赏了神庙中的僧侣,还修复了很多古建筑,除此之外,她修建了埃及历史上最重要的建筑之一——两座卡纳克方尖碑。

这方尖碑是就地取材,在阿斯旺采石场制成,然后在尼罗河运输一百五十公里,最终来到了卡纳克神庙。

女王在方尖碑旁大言不惭地说,太阳神赐予她神圣的权力来统治黑土地和红土地,而她的统治也会像神一样永恒长久。

女王以为她可以高枕无忧了,却没有意识到她的寿命无法像神一样持久,她总有一天会老去,精力再也不能跟上年轻人了。

22年后,被废黜的图特摩斯三世卷土重来,最终夺回了王位,他重掌权力后做的第一件事,就是把凡有女王名字的宫殿和雕像全都摧毁。

有趣的是,图特摩斯三世没有毁掉停灵庙,也许他仍旧顾念着最后一丝亲情吧!

可是,那方尖碑也太高了,是当时埃及最高的建筑,图特摩斯三世就想了一个办法:在方尖碑的周围砌上高高的围墙,只在最顶端留下了四米高的一段,上面刻的是歌颂阿蒙神的文字。

谁都没有想到,这段历史趣事竟然给了世人一个惊喜:围墙挡住了沙漠的狂风,让女王的方尖碑历经三千年都完好无损,虽然两座方尖碑中有一座已经断裂,但另一座却仍旧傲然屹立着,并成为当今埃及最高的方尖碑。

卡纳克神庙的方尖碑档案

建造时间:公元前 1550 年—公元前 1530 年。

高度:23 米。

性质:埃及第十八王朝法老哈特谢普苏特奉祀阿蒙神的建筑。

归属:属于停灵庙的一部分,古埃及神庙应由方尖碑门、庭院、柱廊、柱厅和神殿组成。

所用材料:一整块花岗岩,方锥形的顶端还镀以合金。

形状:柱头呈开放的莲花形状,墙面与柱身用彩色纹样浮雕装饰,碑身刻有象形文字,记载女王的英勇事迹。

遗憾:在图特摩斯三世夺得王权后的第四十二年,他压抑不住怒火,将碑身上的大多数文字揰平。

哈特谢普苏特的方尖碑超越先前所有法老的方尖碑,女王的雄心可见一斑

雅典娜神庙中胜利女神为何没有翅膀?

在古希腊的克里特岛,有一位国王叫米诺斯,他的儿子在去雅典旅游的时候被政敌谋杀了。

国王痛失爱子,非常愤怒,发誓要让雅典人血债血偿,于是他乞求神灵帮忙,给雅典降下灾荒和瘟疫。

雅典人很快就吃不消了,向米诺斯王求和。

米诺斯王在克里特岛上建了一座神奇的迷宫,谁一旦进去,就别想再出来,他在迷宫里养了一只人身牛头的米诺牛,这只野兽生性残暴,最喜欢吃人,于是米诺斯王要求雅典人每隔九年送七对童男童女给米诺牛。

雅典国王答应了,但雅典人民却舍不得让自己的孩子去送死,都哭得惊天动地,雅典国王爱琴的儿子忒修斯决心要杀死怪牛,便与童男童女出发去克里特岛。

临行前,他对父亲说:"父王,如果我能活着回来,我就把船上的黑帆换成白帆;如果我死了,船员们就会开着悬挂黑帆的船归来。"

爱琴王含泪与儿子告别。

忒修斯来到克里特岛后,由于他长得实在英俊潇洒,美丽的阿里阿德涅公主迷上了他。

公主在得知忒修斯的使命后,送给他一把威力十足的魔剑和一个能自动寻路的线团,以便帮助王子打败野兽。

当忒修斯进入迷宫后,他立刻抛下线团,线团一边

忒修斯即将进入迷宫,手里拿着阿里阿德涅给他的魔剑和线团

散开线,一边自己滚动起来,这样王子就知道哪里是已经去过的地方了。

最终,他来到了迷宫的深处,找到了米诺牛。

王子与怪牛殊死搏斗,幸亏他本领高强,只见他抓住牛角,挥起魔剑,一下子就砍下了怪牛的头。

胜利后的忒修斯带着大家赶紧逃出迷宫,为了避免遭到米诺斯王的追击,他们还抓紧时间凿穿了所有停靠在海边的克里特的船。

酒神狄奥尼索斯带着克里特公主阿里阿德涅凯旋　　　　　藏于罗浮宫里的胜利女神雕像

阿里阿德涅公主正站在爱琴海边等待着心上人的来临,王子的心头涌出了满满的喜悦,他紧紧拥抱公主,感激恋人的帮助,然后带着公主和其他人一同踏上了返程的道路。

在到达距离雅典不远的狄亚岛时,他们进行了短暂的休整。

可是,就在这天晚上,阿里阿德涅突然失踪。

原来,酒神狄奥尼索斯垂涎于阿里阿德涅的美貌,将她偷偷地抢走了。

这个突发的事件给忒修斯和他的伙伴带来巨大的悲痛,但是,人已消失,只得向故乡继续进发。

忒修斯坐在船头,失神的眼睛注视着浓重雾色中的茫茫大海,回想着阿里阿德涅的风采、胆识和给予他们的救助,其他的人也同样沉浸在悲痛之中,谁也没想到要把象征悲哀的黑帆换成预告平安生还的白帆。

爱琴王听说王子的船队回来了,急忙来到海边,焦急地对着远处的船只望眼欲穿。

船慢慢靠近了,国王的心猛地沉入冰冷黑暗的海底,他看到帆还是黑色的——

王子死了!

爱琴王难过极了,想都没有想便纵身跳下悬崖,长眠于爱琴海中,所以爱琴海的名字就是这么得来的。

人们得知此事后感到非常惋惜,就在爱琴王跳海的位置建造了一座神庙,既用来纪念爱琴王,又用来歌颂王子的丰功伟绩。

雅典人也是个尚武的民族,他们希望自己能战无不胜,便在神庙中树立了一尊胜利女神像。

胜利女神是巨人帕拉斯与冥河河神斯提克斯的女儿尼姬,生有一对翅膀,能够飞行,速度很快,她降落在哪里,胜利就跟到哪里。因为她是智慧和战争女神雅典娜及主神宙斯的从神,所以胜利总是与她如影随形。

怎样才能让胜利永远属于雅典呢?

雅典人为了胜利,竟不惜伤害神灵,他们举起斧子,将胜利女神的双翼砍下,这样女神再也不能飞到别处了,胜利也就永远属于归雅典所有了。

扫一扫
获得雅典娜
胜利女神庙档案

然而,现实却总是不尽如人意,神庙在数次战争中被毁坏,到17世纪,英国人又趁火打劫拆走许多浮雕,到如今神庙只剩基座和几根 11 米高的圆柱。

雅典娜胜利女神庙复原图

圣马可大教堂为何成了窃贼的目标?

耶稣有十二门徒,彼得是其中之一。

彼得有一位好友叫马可,两人如影随形,每当彼得去某地传播福音的时候,马可也会跟过去,久而久之,受到耳濡目染的马可也成了圣人。

马可为什么要跟着彼得去传教呢?

圣马可

原来,马可出生于耶路撒冷,是以色列人,他除了会说本土语言——阿拉伯语外,还精通希腊语,而彼得是叙利亚人,除了说一口流利的阿拉伯语外,就不能再说其他语言了,为了让福音传播到更遥远的地方,他需要马可做翻译。

后来,马可在彼得的言传身教下写出了一本《马可福音》,信奉天主教的人都知道,这本书便是大名鼎鼎的《新约》中的一部分,是至高无上的经典。

于是,马可就成了西方世界的先知,后来他完全不需要彼得,自己便能去欧洲游历传教,受到了人们的热烈欢迎。

有一次,他坐船前往意大利,当船经过里阿托岛海岸时,海面上忽然刮起了巨大的风暴,狂风将船只卷入风眼中,仿佛一只巨掌,要把船拍碎了似的。

马可赶紧跪下,向上天祈祷平安,在狂风暴雨中,他的耳边忽然宁静下来,紧接着,天使的声音在他耳边响起:"愿你平安,马可! 你将和威尼斯共存!"

接着,马可眼前一黑,便失去了知觉。

不知过了多久,他醒了过来,发现自己所乘的船只搁浅在了一片荒凉的海滩上,该地便是如今的威尼斯。

就这样,马可就成了威尼斯的守护神,象征是一头狮子。

时至今日,威尼斯的城徽依旧是一头一只爪子踏在《马可福音》上的雄狮,书上还刻着一行字:"愿你安息,马可,我的福音布道者。"

圣马可大教堂屋顶上的狮子雕塑

马可逝世后,他的遗体被安置在埃及亚历山大城的一座教堂里,这让当时的很多威尼斯人颇为不满,因为他们觉得马可既然是威尼斯的神灵,却还要安息在别的国家,实在不合理呀!

这种想法让越来越多的威尼斯人蠢蠢欲动,终于演变成一种盗窃行为。

公元828年,两个威尼斯商人借口到埃及做贸易,在一个月黑风高的夜晚潜入教堂,将马可的尸体偷偷取出,然后趁着夜色赶紧上船,踏上了回程之路。

当船靠岸后,得到消息的威尼斯人都来到港口迎接马可,大家双目噙满泪水,口中朗诵着福音,将马可的遗体迎进了威尼斯城。

为了好好地安置圣人,威尼斯人建造了一座当时欧洲最大的教堂——圣马可大教堂,它是威尼斯建筑艺术的结晶,所有威尼斯人都为之骄傲。

有意思的是,埃及人发现马可的遗体不见之后,气得火冒三丈,要求威尼斯人归还,还扬言要将窃贼绳之以法。

威尼斯人拒不归还,他们派人日夜守护着圣马可大教堂,还让那两个偷盗遗体的商人也搬到教堂里避难,让埃及人找不到空隙。

时间一久,埃及人也没了办法,马可便约定俗成地为威尼斯人所有,威尼斯人还在圣马可大教堂内作了五幅镶嵌画,内容分别为:"从君士坦丁堡运回圣马可遗体"、"遗体到达威尼斯"、"最后的审判"、"圣马可神话礼赞"、"圣马可进入圣马可

圣马可受难图

教堂",完全没有提及埃及人,仿佛圣马可从来都属于威尼斯,无论是生,还是死。

圣马可大教堂

圣马可大教堂档案

建造时间:初建于公元 829 年,重建于公元 1043—1071 年。

地点:威尼斯市中心的圣马可广场。

别名:金色大教堂。

所属宗教:基督教。

建筑特色:东方拜占庭艺术、古罗马艺术、中世纪哥特式艺术和文艺复兴艺术等多种艺术的结合体。

头衔:中世纪最著名的基督教大教堂,也是庞大的艺术品收藏馆。

装修:教堂正面长 51.8 米,拥有 500 根大理石柱子和 4 000 平方米的马赛克镶嵌画,壁画全部覆有金箔。

最珍贵之物:圣马可的坟墓,位于教堂内殿中间最后方的黄金祭坛之下,祭坛后方有高 1.4 米、宽 3.48 米的金色围屏,屏上有八十多幅宗教瓷片,镶嵌有两千五百多颗钻石、红绿宝石、珍珠、祖母绿和紫水晶等珠宝。

趣闻:从公元 1075 年起,所有从海外返回威尼斯的船只,必须向圣马可大教堂上交一件珍贵的礼物,日积月累,教堂便成了艺术品收藏中心。

枫丹白露宫怎么成了造反的场所？

在中世纪的法国，有一个卡佩王朝，该王朝历经 325 年，前后共有 11 位国王上台，最短的国王统治时期也有十几年，所以百姓们都以为这个王朝会一直延续下去。

没想到，当国王腓力四世去世后，情况却有了意想不到的变化。

腓力四世的长子路易十世是个短命的皇帝，只在位十八个月就驾崩了，而且还没有为皇室留下一个子嗣。

路易本来与第一个妻子有一个女儿，可是路易根本就不相信那是他的亲生骨肉，而当时他的第二个妻子正怀孕五个月，离孩子出生还有一段时间呢！

可是国家急需一个国王，一时间，各种势力蠢蠢欲动，一场争夺王位的战争即将展开。

路易的弟弟普瓦图伯爵在里昂与教会相勾结，他和里昂安奈修道院的枢机主教雅克·杜埃兹订立盟约：如果教会帮他登上王位，他就让雅克成为新一届的教皇。

于是，普瓦图为死去的路易举行了一个盛大的追悼仪式，把主教们都叫到了里昂的教堂里。

当主教们全部来到教堂后，普瓦图早有命令：教堂的出口全部被堵死，非要主教们选出一个新教皇不可！

主教们大多分属两个势力强大的派别，他们互相咒骂，不肯让步，最后只得让中立派雅克·杜埃兹如愿以偿。

普瓦图早就猜到这种结果，此时他已经前往巴黎，密谋展开下一步计划。

不过他没有直奔王宫，而是去了郊外的行宫枫丹白露宫，因为王宫已经被他的叔叔，也就是眼下的摄政王瓦卢瓦伯爵控制，而且他的弟弟夏尔·德·马尔什也是摄政王的同伙，硬拼的话肯定会吃亏。

但是普瓦图的势力也不容小觑，就在他来到枫丹白露宫的当晚，摄政王瓦卢瓦和夏尔也赶来见普瓦图，试图劝说他辅助摄政王当政。

普瓦图是个有着强大决断力的人物，他安排叔叔和弟弟在枫丹白露宫住下，然后要了个心眼，趁他们熟睡之际，一举占领了王宫。

现代历史学家形容腓力五世（普瓦图伯爵）为拥有"相当高的智慧和灵敏度"的人

第二天，醒来后的摄政王悔之晚矣，他不得不强颜欢笑，将手中的权力交给了普瓦图。

就这样，普瓦图成为新一任摄政王。

新摄政王虽然除掉了最大的威胁，却仍不放心，他又盯上了腓力四世的遗腹子。

他找到正在守寡的克莱芒丝王后，得知对方正被老摄政王幽禁时，便假意安慰道："我立刻安排你回塞纳-马恩省，你再也不用受苦了！"

王后感激涕零，却没想到新摄政王在暗地里授意他的岳母马奥夫人毒害遗腹子。

就在遗腹子降生前的几个月内，摄政王又解除了另外几个政敌的武装，让自己的势力加倍稳固。

在这一年的冬天，孩子终于出生了，让摄政王恐惧的是，这是个男孩，马奥夫人气得咬牙切齿，决心要在王子的公开见面会上采取行动。

幸好王子和奶妈的孩子一样，都长着一头金黄色的卷发，王后的监护人布维尔伯爵想到了一招调包之计，结果奶妈的儿子被马奥夫人抱在怀里。

马奥夫人假意关心地说："哎呀，口水都流出来了，别为我们皇室丢脸啊！"

法国国王路易十四在枫丹白露宫附近打猎

　　然后她从手袋里取出一块浸过了毒液的手帕,迅速擦了擦孩子的嘴唇,而后她不放心,又找了一个时机再次擦拭孩子的嘴巴。

　　过了片刻,当摄政王将孩子高高举起时,孩子的口中突然吐出了绿色的奶,脸色也开始发青,四肢抽搐,很快就停止了呼吸。

　　就这样,摄政王排除了一切异己,登上了他处心积虑得到的王位。

　　也许是作恶太多,普瓦图的下场并不好,不仅其子女没有一个能生存下来,他本人也因为喝了不干净的水而中毒身亡。他下葬时,只有他的妻子一个人为他痛哭流泪。

枫丹白露宫档案

修建时间:公元 1137 年。

位置:巴黎东南部、法国北部法兰西岛地区塞纳 马恩省的枫丹白露。

名字解释:美丽的蓝色泉水。

性质:法国国王居住、野餐和打猎的行宫。

特殊意义:收藏和展览中国圆明园珍宝最好的西方博物馆。

重大事件:公元 1804 年,拿破仑称帝后,将日趋败落的枫丹白露宫作为自己的帝制纪念物,并进行修复;公元 1814 年,拿破仑被迫在此签订退位协议,还发表了著名的告别演说;公元 1945—1965 年,欧洲著名的北大西洋公约组织在此设置总部。

景观:中国馆、狄安娜花园、钟塔庭、舞厅、建筑群、铁栅栏、庭院、一世长廊、白马广场、黛安娜庭院。

瓦普庙为何修到一半就放弃了？

老挝有一座千年古刹，名叫瓦普庙。

它建筑在海拔一千两百米的山腰上，规模宏大，从山腰一直向下延伸数百米长，被老挝人骄傲地称为"老挝的吴哥窟"。

然而，这座恢宏的庙宇只建到一半就放弃了，这是为什么呢？

原来，都是因为一场战争。

公元 1235 年，老挝的占巴塞披耶卡马塔王野心勃勃，想要将泰国占为己有，而且他知道泰国正被那空拍罗女王所统治，不禁大为欣喜。

"一个女人，没有什么了不起的！"占巴塞披耶卡马塔王简直不屑一顾。

于是，他有点迫不及待，赶紧大举兴兵进攻泰国，并很快占据了泰国的几座城池。

老挝的军队行动太快，泰国女王一开始没来得及做出反应，待她意识到问题的严重性时，对方的军队已经包围了泰国的要塞——南市。

女王下达了命令：南市的士兵一定要坚守城门，哪怕流尽最后一滴血，也要阻挡住敌人的脚步。

可是占巴塞披耶卡马塔王也不是普通人，他派出了一批又一批的士兵，怒吼道："若攻不下城池，就别活着回来！"

于是，数不清的士兵前仆后继地冲向前方，踏着同伴血淋淋的尸体，不眠不休地发动着冲锋，他们架上云梯，试图爬上高高的城墙，可是墙内的泰军殊死抵抗，将云梯上的士兵不断地砍落，宛若铲除树枝上多余的枝叶。

这场恶战一连持续了几十天，最终双方都因损失过重而坚持不下去了。占巴塞披耶卡马塔王开始感到后悔，觉得自己陷入了死胡同，而那空拍罗女王则感觉自己接了个烫手山芋，拿也不是，扔也不是。

两位最高统治者终于肯坐下来好好谈判了，可是两人的性格都很强硬，都不肯承认自己的国家是战败方，结果谈判迟迟没有结果。

幸好有一个聪明的外交官提出了一个建议：不如两国比赛建一座佛塔，谁先完成，就说明谁的国力最强。

两位国王一致同意，因为他们都是虔诚的佛教徒，所以认为这个赌约既文明又能积福报,是非常可取的。

双方一拍即合,泰国女王造了一座帕侬塔,而老挝国王则造了瓦普庙。

占巴塞披耶卡马塔王是个完美主义者,而且好面子,觉得既然要造神庙,就得造得气势磅礴,不然显示不出老挝的实力。

结果,瓦普庙越造越大,完全超出了原先设定的蓝图,而那空拍罗女王则求胜心切,帕侬塔很快就建好了。

占巴塞披耶卡马塔王没有办法,只好遵守约定,将军队撤出了泰国。

虽然战败,但神庙还得继续造下去,占巴塞披耶卡马塔王并没有阻止瓦普庙的施工。

谁知,就在战争结束后不久,占巴塞披耶卡马塔王突然因病去世,这下瓦普庙彻底失去了背后的赞助人,而新国王又不肯出资修庙,使得这座美丽的庙宇只能建到一半就偃旗息鼓了。

如今,瓦普庙中唯一完整的建筑只有一座佛殿,该殿建在一块被称为"圣屋之顶"的巨石下,殿堂的石壁内外刻有栩栩如生的图案,描述的是哈奴曼力战群妖、基思纳神手

瓦普庙门楣上的雕像

撕龙王等神话故事,殿内留存有几尊石像,其中最大的是占巴塞披耶卡马塔王的石像。人们至今都没有忘却这位国王,有了他,才有了瓦普庙这座流芳百世的珍贵古刹。

瓦普庙遗址

扫一扫
获得瓦普庙档案

景福宫里也有"玄武门之变"？

景福宫是韩国著名的景点之一，很多韩剧都曾在那里取景。

为何景福宫会如此著名呢？这是因为它是朝鲜王朝的正宫，地位相当于中国的紫禁城，所以在韩国人的心中占有足够的分量。

朝鲜王朝的开国之君李成桂

在古代，朝鲜的步调往往和中国保持一致，连景福宫中也闹出了"玄武门之变"，只不过这种弑兄夺位的大事并非有意效仿，而是历史相似到如此惊人罢了。

这还得从景福宫的创始人、朝鲜王朝的开国国君李成桂说起。

李成桂原是高丽王朝的名将，他因镇压国内叛乱而发迹，后又击退元朝的红巾军和日本的倭寇，越发被朝廷重视，高丽皇帝命他去攻占中国东北。

李成桂并非一个头脑简单的武夫，他知道以高丽的实力，想与偌大的元朝对抗，是根本不可能的事情，于是他背后倒戈，杀了一个回马枪，反而把高丽皇帝赶下王位，自己当上了国君。

既然是万人之上，没有一个气派的住处怎么行？于是，李成桂将高丽王朝的一些宫殿进行了整合修葺，扩建成北靠北岳山、南临汉江的景福宫。

可惜景福宫建成后，他只在里面住了三年，就不得不抱憾而去。

照理说，李成桂好不容易当上皇帝，怎么可能迅速交出手中权力呢？这是因为有人相逼，而这位以勇猛著称的国君却不能有复仇之心，只因篡夺王位的不是别人，而是他的儿子李芳远。

李芳远是李成桂的第五子，平日骁勇善战，在为李成桂打江山的时候立下过汗马功劳。

李成桂掌权之后，马上有大臣请求国君立储，而朝鲜当时和中国一样，也有立嫡长子为太子的规矩，不过长子李芳雨已死，所以次子李芳果就成了太子的最佳人选。

就在大臣们一致推荐李芳果时，名臣裴克廉却说了句："时平立嫡，世乱先功。"

意思就是说,如果天下太平,该立长子,若身处乱世,该立战功显赫的人为太子。

可是李成桂敕封的既不是李芳果,也不是李芳远,而是最小、最柔弱的儿子李芳硕。

因为李成桂特别宠爱神德王后康氏,而王后又特别喜爱小儿子李芳硕,就不停地在夫君耳边吹枕边风。李成桂被说得动了心,就排除众议,坚持让名不正,言不顺,又没有才能的李芳硕成为太子。

为朝鲜王朝出生入死的李芳远顿时被激怒了,他发动了第一次王子之乱,从景福宫西门迎秋门杀进宫中,将李芳硕乱刀砍死。

由于权臣郑传道也曾劝李成桂立李芳硕为世子,李芳远干脆一不做二不休,将郑传道也一并杀害。

李成桂震惊之余,只得匆匆将皇位传给李芳果,大概他是觉得二儿子忠厚善良,要比暴戾的第五子更适合当皇帝。

可是,朝鲜的大权依然被李芳远控制着,李芳果虽然是国君,却在景福宫中处处受牵制,不得不在即位当年就离开汉城,回高丽故都开京避难。第二年三月,李成桂也离开了景福宫,离开了那个遍布着他那阴狠儿子爪牙的皇宫。

李芳远在位期间锐意改革,政绩卓著

转眼又过了一年,李芳远已经不满足于屈居幕后,他再度发动王子叛乱,逼李芳果退位,而他自己则黄袍加身,正式成为景福宫的主人。

至于李成桂,他则被新国王幽禁于首尔的昌德宫中,整整十年未能踏出宫门一步,直到他临死的那一刻,才恍然明白帝王的悲哀。

景福宫的正殿——勤政殿

扫一扫
获得景福宫档案

明朝为什么要突然兴建故宫？

华夏五千年文明遗留下众多古建筑,故宫(紫禁城)便是其中最著名的建筑之一,它始建于明朝,历经明、清两个朝代的发展,最终形成如今的宏伟景象。

在今天,故宫每日都会迎接大量的游客,在节日与假日里,故宫是游客最多的旅游景点,足见大家对它的喜爱。

可是,你知道吗？ 在朱元璋开创明朝时,北京并非首都,而故宫的建造是一个庞大的工程,想要在一个并不是首都的城市起建,算得上是一件离经叛道的事情。

明成祖朱棣

那么,是什么原因促使皇帝下了决心要把故宫建在北京呢？

原来,一切都只因为四个字:谋权篡位。

在明朝的上一个朝代——元朝时,北京是首都,被称为元大都,但是元朝统治者骨子里没有稳定的思想,压根儿就不会兴建一个偌大的宫殿,然后把自己困在里面,所以北京在元朝虽然繁华,却没有大型宫殿。

后来,民间不满蒙古人的统治,纷纷起义,其中,朱元璋获得了历史的垂青,从一个乞丐一步登天,成为明朝皇帝。

朱元璋身边有个特别有名的辅臣,名字叫刘伯温,他劝朱元璋传位给最能干的第四个儿子朱棣,并暗示皇帝,如果朱棣即位,天下将会兴旺,后来果真如刘伯温所言,出现了"永乐盛世"的局面。

可是朱元璋为太子朱标之死而悲恸万分,毫不犹豫地立朱标之子,也就是他的孙子朱允炆为太子,这让刘伯温暗暗叹息。

刘伯温在他的天文著作里规划了北京城的雏形,其中就包括故宫的方位图,也许刘伯温早已预料到夺位之灾,只是天机不可泄露,不能明说罢了。

既然朱允炆当了太子,为了避免叔叔们觊觎侄儿的权力,朱元璋就开始封藩,给自己的几个儿子每人一块领地,将儿子们调往远方。

就这样，朱棣来到了北京。

但是他的心里并不痛快，因为他觉得朱允炆过于斯文儒雅，当个秀才尚可，要想当皇帝治国，简直让人笑掉大牙。

于是，他联合自己的亲信，于公元1399年挥兵南下，发动了史上著名的"靖难之役"。

三年后，朱棣顺利攻入都城南京，当上了皇帝，而朱允炆则不知去向，从此下落不明。

朱棣并不喜欢南京，因为建文帝朱允炆的亲信全是南方人，朱棣大开杀戒，在南方树敌太多；而且北方有蒙古人不断骚扰中原，建都北京能对付外患，比南京更具有优势。

不过想要迁都哪有这么容易呢？很多大臣一听迁都，就纷纷跪倒在地，请朱棣收回成命，朱棣没有办法，只好恩威并施，跟大臣们讲了很多道理，却始终不起作用。

最后，他想到了刘伯温的预言，就搬出了刘伯温所说的那一套言论，告诉群臣：天意不可违，迁都是上天的安排，你们就不要阻拦了！

因为刘伯温精通天文地理，对占卜很有一套，所以大臣们对此也无话可说，只好顺着皇帝的意思做事了。

朱棣不由得在心底偷乐着，他总不能说因为北京全是他的心腹，所以他要迁都吧！

其实，从朱棣当上皇帝的那刻起，他就已经动了迁都的打算，而迁都的首要任务，就是建造一座又大又气派的皇宫！

明朝绘制的《北京城宫殿之图》，对研究故宫的布局具有重要意义

公元1406年，故宫开始修建，朱棣让太子的老师姚广孝担任故宫设计师，而后者在进行了一番斟酌后，将北京城从形似脚踩风火轮的哪吒模样改成了一座方城，城市的正中央，就是故宫。

公元1421年，故宫终于基本竣工，朱棣很高兴，带着皇室和群臣浩浩荡荡北上，住进了梦寐以求的新皇宫中。

直至朱棣病死，故宫仍是明朝的皇宫，有意思的是，朱棣的儿子明仁宗并不喜欢北京，因为他长期在南京监国，当仁宗即位后，他立刻下旨迁都南京。

孰料仁宗短命，当了不到一年的皇帝就驾崩了，后面的明宣宗又是一个喜欢北京的皇帝，自此以后，北京就一直是中国的首都，而故宫的地位再也没有被撼动过。

公元 1900 年的故宫，从景山眺望神武门

清乾隆《万国来朝图》局部，前为太和门，后为太和殿

故宫档案

建筑时间：公元 1406 年。

面积：占地 72 万平方米，建筑面积约 15 万平方米。

人力：修建 14 年，动用了 100 万民工。

性质：明、清两代 24 位皇帝处理政务和生活起居的场所。

院落：九十多座，房屋有 980 座，共计 8 707 间（四柱形成的空间）。

宫墙：高 12 米、长 3 400 米的长方形高墙，墙外还有 52 米宽的护城河环绕。

城门：正门为午门、东门为东华门、西门为西华门、北门为神武门。

主要建筑：太和殿（皇帝举行典礼的地方）、中和殿（皇帝举行大典前休息的地方）和保和殿（明朝进行册封、清朝进行殿试的地方）。

其他建筑：乾清宫、太和门、养心殿、弘义阁、畅音阁、文渊阁、储秀宫、慈宁宫。

开放程度：至 2020 年，故宫的开放面积将达到 76%，最终计划全部开放。

地位：世界现存规模最大、保存最完整的木结构宫殿群落及中国文物最多的博物馆。

贝伦塔竟然是一座恐怖的地狱？

19世纪初的欧洲，工业革命已经发展得如火如荼，各国的扩张野心依旧在膨胀，军事实力的发展也是一日千里。

某一年的五月，葡萄牙首都里斯本特茹河边的著名建筑贝伦塔迎来了新的一批囚犯。

贝伦塔始建于地理大发现时代，最初目的是保卫里斯本的港口，因为在当时，葡萄牙是重要的航海国之一，例如达伽马、麦哲伦等都是葡萄牙探险家，他们从里斯本港口出发，为当地带来了巨大的财富。

公元18世纪的里斯本港口

不过几个世纪以后，世界版图的探索任务已经结束，伴随着更多的港口和堡垒的建成，贝伦塔逐渐丧失了原有的功能，沦为了海关、电报站和灯塔。

它又新增了一个功能，就是关押囚犯的监狱。

"这就是我们的监狱吗？"一位名叫约翰的囚犯望着形似船只的贝伦塔，发出感慨。

站在他旁边的囚犯杰克却冷不防给他泼了盆冷水："你觉得我们会住在地面上吗？告诉你，据说我们会被带进地牢里！"

一想到要被抓进暗无天日的地牢，约翰的头都大了，他喃喃地说："哦！不！我可不想在黑暗中生活！"

这时，押送官听到犯人在窃窃私语，不由地厉声喝道："不准说话！听到没有！"

犯人们乖乖地住了口，一个挨一个地来到了贝伦塔的旁边。

这座白色的高塔全部由石头建成，在河堤上如一座白色的大船，十分引人注目，当囚犯们在近处观摩贝伦塔时，无不从心底对这座绝美的建筑发出惊叹。

可惜它是监狱啊！一想到这里，约翰的心里便一沉，他因没钱吃饭而抢了一个孩子的面包，谁知道那孩子竟然是指挥官的儿子，如今被关在贝伦塔里，不知要到什么时候才能被放出来。

狱卒开了门，带着犯人往里走。

约翰光着脚踩在白色的大理石上，感到一阵刺骨的冰凉，他进入一段逼仄的楼梯，开始往下走，而这时阳光也渐渐暗了下去，昏暗的火把映入众人眼帘。

"你们真是有幸，能住进国王建造的宫殿里！"监狱长讽刺地嘲笑着犯人们，还不忘狠狠地踢着约翰的屁股，嫌他走路速度过慢。

囚犯们并没有因此而心生喜悦，即便这里是皇宫又能怎样，还不照样是监狱吗？

地牢有好几层，约翰和杰克被关在了倒数第二层，据说最底层的都是重刑犯，他们永远不会活着走出贝伦塔。

当天傍晚，约翰正在发呆，忽然听到脚下发出一片鬼哭狼嚎的声音，他赶紧问杰克发生了什么事，杰克却也是一头雾水。

同屋的老囚犯见二人慌张的样子，轻描淡写地说了句："不过是涨潮而已，你们怕什么？"

可是到了第二天，又是傍晚，哀嚎声再度响起，宛若一把把尖锐的匕首，快把约翰的心脏给戳破了，他实在受不了，又去问老囚犯原因，得到的回答依旧是"涨潮"。

几天后，来了一些狱卒，从最底层的牢里抬出了好几具尸体，约翰这才知道那些惨叫声正是由那些死去的重刑犯发出的，他不禁更加心惊胆战，越发觉得这座贝伦塔恐怖万分。

惨叫声每天都在继续，约翰因此生了病，并且病得越来越严重了。

杰克请求狱卒将约翰带出去治疗，恳求道："他要是再不治，会死的！"

狱卒看了约翰一眼，果真把他抬了出来，不过狱卒没有把约翰带走，而是将他直接送入了最底层的地牢。

约翰躺在潮湿冰冷的地面上，嗅着四面八方散发出的腐烂味道，脑袋更加昏沉了。

到了傍晚，地面和墙壁上开始渗出了水，一点一点地淹过约翰的身体。

约翰用力睁开眼睛一看,顿时什么都明白了,原来,由于涨潮,贝伦塔的地牢会被潮水淹没,那些犯人的嚎叫,是他们在临死之前的最后呼喊。

可惜,约翰此时已经叫不出来了,他用尽最后一丝力气,看着自己的生命消失在贝伦塔这座古老而又美丽的城堡里。

贝伦塔

贝伦塔档案
建造时间:公元 1514—1520 年。
建造目的:保卫贝伦区的港口和圣哲罗姆派修道院、纪念里斯本的主保圣徒——圣文森特。
地理位置:葡萄牙首都里斯本特茹河北岸的七个山丘上,因此有"七丘城"之称。
地位:葡萄牙地标、里斯本的象征。
层数:五层。
建筑构成:塔身与壁垒。
塔身:有四个房间,自下而上分别为:长官的房间、国王的房间、观众的房间和小礼拜堂。
壁垒:有十六个炮位用于安装大炮,壁垒的地板下有储藏室,可用于存放物资,后被改成地牢。

圣巴西利亚大教堂的建筑师为何失明？

在俄罗斯首都莫斯科，有一座富丽堂皇、造型奇特的伞形教堂，它便是著名的圣巴西利亚大教堂。

公元1555年，俄国第一位沙皇伊凡四世，也就是伊凡雷帝为了纪念自己胜利占领喀山汗国的喀山，下令从全国召集能工巧匠，建造一座举世罕见的大教堂。

沙皇金口一开，谁敢不从？很快，全国各地的建筑师齐聚到首都，为教堂的设计和建造贡献出自己智慧和汗水。

嗜血好杀的伊凡雷帝

建筑师们经过热烈讨论，最终决定将教堂建成既像罗马教皇的圆形帽，又像印第安人的茅屋的模样，他们还画了草图让伊凡雷帝过目。

伊凡雷帝觉得这种新型设计前所未有，虽然不知道是否好看，但他也未加阻拦，只是说了一句："若造出来很难看，我就将你们都杀了！"

六年后，建筑师们经过不懈努力，终于让圣巴西利亚大教堂在莫斯科广场上骄傲地矗立起来。

这座教堂有着蘑菇般的圆顶，色彩缤纷，宛若童话中的糖果屋，实在让人惊喜。

伊凡雷帝在教堂竣工后前来观看，这位平素一直板着脸的国王也不禁露出了笑意，连连点头夸奖道："不错！这正是我想要的！"

听到沙皇的赞许，所有的建筑师都松了一口气，以为自己的性命总算是保住了。

如果这样想的话，那就太小看伊凡雷帝了。

几天后，建筑师们突然被带入地牢，在那里，刽子手们弄瞎了所有人的眼睛，顷刻间，整个地牢淹没在一片惨叫声中。

　　建筑师们明明造出了让沙皇满意的建筑,为何沙皇还是要如此狠毒地对待他们呢?

　　因为伊凡雷帝说了句:"我不想让他们再造出更漂亮的建筑!"

　　也许在知晓伊凡雷帝的性格后,大家就会明白圣巴西利亚大教堂的建筑师们为什么不能避免悲惨的命运了。

　　伊凡雷帝出生于一个电闪雷鸣的日子,所以大家都叫他"伊凡雷帝"。

　　伊凡雷帝也"不负众望",从小就残暴无度,他非常容易激动,疑心很重,对反对自己的人毫不留情,所以弄瞎建筑师的眼睛这类事情,对他来说,早已是小菜一碟了。

　　在 13 岁那年,伊凡雷帝就处死了反对他的世袭大领主,17 岁那年,他正式登基,一上台就下令恢复古罗马"西泽"的称号,宣布自己是"沙皇",于是俄国沙皇的名号由此诞生。

　　为了巩固沙皇统治,他一下子斩了五个显赫贵族的脑袋,同时又贬黜了数万人,他杀人如麻,常因一点小事而迁怒于人,连整日服侍他的大臣都不免胆战心惊。

　　伊凡雷帝还特别好战,总想着去吞并其他国家,他为夺取波罗的海的出口,进行了长达二十五年的利沃尼亚战争;他还征服了喀山汗国、阿斯特拉罕汗国,使北高加索很多民族归顺俄国。

明信片上的圣巴西利亚大教堂

　　所以说,谁来建造圣巴西利亚大教堂,谁就倒霉。

　　有意思的是,公元 1588 年,新一任沙皇想在圣巴西利亚大教堂里一位俄罗斯东正教圣人瓦西里·柏拉仁诺的墓地东面添置一座小礼堂,便又去寻找建筑师。

　　俄罗斯的建筑师们对伊凡雷帝的余威深感畏惧,谁都不愿蹚这浑水,便纷纷推托,说自己有病在身,不能胜任。

　　结果,皇室找了好久,才终于找到一个胆大的建筑师,将礼堂建造完成。

扫一扫
获得圣巴西利亚
大教堂档案

阿格拉堡为何会再三上演篡位之战?

在印度,有一座著名的皇宫,它便是位于阿格拉的阿格拉堡。

阿格拉是古印度的首都,这里有阿格拉堡和泰姬·玛哈尔陵两座名扬海外的建筑,可惜建筑虽宏伟,其中发生的故事却令人唏嘘。

阿格拉堡是阿克巴大帝为自己心爱的儿子贾汉吉尔所建。

当年,阿克巴的两个儿子均早逝,令这位莫卧儿帝国的皇帝悲痛不已,为了求得一个健康的儿子,他特意来到西格里村,向圣人祈求祝福。

回宫后不久,阿克巴的妻子果然怀孕了,十月之后生下了贾汉吉尔。

阿克巴很高兴,再次去找圣人祈福,结果圣人预言新王子将继承皇位。

这样一来,阿克巴对贾汉吉尔的宠爱越发不着边际了,他用大量红砂岩建造了阿格拉堡,作为送给儿子的一份大礼,同时也为了军事防御之用,为将来提前打算。

可是贾汉吉尔却不领情,他在成年之后,就时刻觊觎着王位,为此,他先是勾结葡萄牙人自立为王,而后又想铲除父亲身边的重臣。

阿克巴心如刀绞,一次又一次地原谅儿子,因为王位早晚都是贾汉吉尔的,他怎会剥夺儿子的继承权呢?

公元1605年,重病在身的阿克巴将皇位传给贾汉吉尔,随后便离世了。

阿克巴被认为是莫卧儿帝国的真正奠基人和最伟大的皇帝

如愿以偿的贾汉吉尔十分兴奋,他偏爱大理石,所以命人用白色的大理石改建阿格拉堡。

当然,他这么做有一部分也是出于自己的私心,他总觉得红色城堡是父亲的象征,而他不想活在父亲的阴影之下。

也许是坏事做太多,贾汉吉尔也遭到了儿子的背叛。他的长子胡斯劳密谋篡位,贾汉吉尔只得亲自率兵打败了长子。可是他实在心胸狭窄,竟弄瞎了胡斯劳的眼睛,并将其囚禁。结果,这位倒霉的王子在十七年后被自己的弟弟,也就是后来的国王沙贾汗毒死。

贾汉吉尔想登上皇位的另一个动力,就是他终于有能力找回一生挚爱,却也是伤害他最深的人——波斯女子努尔。

努尔家里很穷,阿克巴反对儿子娶她,努尔只好另嫁他人,并去孟加拉定居。

贾汉吉尔上台后,随便给努尔的丈夫安了一个罪名,将其杀害,然后努尔终于可以带着女儿嫁给贾汉吉尔了。

努尔不仅美丽,而且野心极大,当了皇后就想将皇权握在自己手中。

为此,她先是让父兄成为帝国的重臣,而后又让女儿嫁给贾汉吉尔的第四子,接下来,她的任务就是让女婿成为新一任的国王。

努尔嫉妒贾汉吉尔战功显赫的儿子沙贾汗,就不断挑拨,最终促使沙贾汗走上了反叛之路。

然而,贾汉吉尔太厉害了,沙贾汗也不是对手,只能被迫在外流亡。

两年后,沙贾汗将自己的两个儿子交给父亲做人质,父子二人才重归于好。

努尔见阴谋未得逞,恨得咬牙切齿,她再生一计,让皇帝的亲信谋反,结果贾汉吉尔被囚禁,后虽得到解救,却身患重病,还未赶回皇宫就驾崩了。

沙贾汗的岳父是努尔的哥哥,为了扶持女婿上台,这位国舅将自己的妹妹囚禁,沙贾汗便成了下一任皇帝。

新皇沙贾汗特别喜爱大理石,他也下令改建阿格拉堡,并最终使该城堡变成了一座红白相间的宏伟建筑。

自此以后,再也没有哪位皇帝能拥有如沙贾汗这般的建筑才能,阿格拉堡的模样便一直留存至今。

沙贾汗的庭院

天意弄人,沙贾汗也遭到了儿子的篡位,在他人生最后的九年里,他被第三子奥朗则布软禁,直到含恨而终。

为什么阿格拉堡会一再陷入子夺父权的怪圈中呢？难道是它里面有诅咒吗？

也许诅咒确实存在，那便是对权力的渴望，让一切亲情化为了灰烬。

阿格拉堡

阿格拉堡档案

建造时间：公元1569—1627年。

长度：2.5千米。

建筑构成：两层红砂岩城墙、两条地沟和十六座城堡组成，宫殿数在最多时达到了五百多座。

城门：西门为德里门，南门为阿玛尔辛格门，据说南门是因一位名叫阿玛尔辛格的大臣偷取了皇室的珍宝逃到此处，被愤怒的沙贾汗一箭射死而得名。

地位：世界文化遗产之一、印度伊斯兰艺术巅峰时期的代表作。

为什么说马约尔广场曾是一个杀戮之地？

　　17世纪初期，西班牙王朝在首都马德里修建了一个宏大的广场，名叫马约尔广场。

　　其实在马德里，并非只有马约尔这一个广场，马约尔也并非其中最大的广场，但是在历史上，这个广场却不能被忽视，因为它之所以能建成，跟欧洲宗教裁判所的支持是分不开的。

　　宗教裁判所起源于13世纪，教皇英诺森三世为镇压法国南部的宗教异端派别而建，它一成立就开始大肆搜捕教皇的反对者，以维护教会的绝对权力。

格拉纳达的最后一位君主向伊莎贝拉和费迪南德投降

　　该机构非常好用，以至于下一任教皇霍诺里乌斯三世统治教会后，立即颁布法令，要求西欧各国都成立宗教裁判所。

　　于是，公元一四七八年，西班牙的卡斯提尔·伊莎贝拉女王便"响应号召"，建立了一个属于西班牙的异端裁判所。

　　伊莎贝拉女王是一位虔诚的基督教徒，她虽然平日里态度温和，但在处理异教徒时就像换了一个人似的，绝对心狠手辣。

　　14年后，女王和丈夫费迪南德又颁布法令，将居住在西班牙的犹太人和穆斯林驱逐出境。若不想被赶走，唯有改变宗教信仰，信奉基督教。

在 15 世纪末,约有 20 万人被迫离开西班牙,剩下的异教徒有些不愿意改变信仰,结果遭到了女王的残酷迫害。

看到这里,也许有人会问:这跟马约尔广场有什么关系呢?

当然是有关系的。

一百多年后,西班牙的费利佩三世从崇尚武力的父亲费利佩二世手中接过了一个强大的王朝,可惜他除了继续父亲坚定的天主教信仰外,再无其他才能。

在宗教裁判大会中的多明我会会士,高台上头顶有光环之主持者为圣多米尼克

费利佩三世没有主见,只知道听从宠臣莱尔马公爵父子的话,由于公爵家族的祖先曾被任命为天主教塞维利亚总教区的总主教,所以公爵本人对天主教也是推崇备至,不容其他宗教的存在。

费利佩三世在去世之前,主持修建了马约尔广场,当时国王问公爵:"我们需要这样一个广场做什么?"

公爵如实回答:"我们必须让异教徒知道他们的过错!"

当年,广场一修建完成,便在场地正中央树立起了高高的火刑柱,百姓们起初并不知情,直到某个晚上,国王的卫兵押着数名异教徒来到广场,大家才恍然大悟。

炽热的火焰刺痛了西班牙民众的眼睛,而受刑者的惨烈哀嚎则成为人们挥之不去的梦魇。

费利佩三世很快去世,他的继承者费利佩四世又是一个无能之辈,于是莱尔马公爵继续兴风作浪,残酷镇压西班牙的异教徒,让马约尔广场几乎每隔几天就会成为人间炼狱。

此时的罗马教皇已经意识到宗教裁判所的不合理,开始强烈谴责各国对异教徒的迫害手段,可惜西班牙皇室仿佛对杀人上了瘾,没办法猛然停下来,结果让杀戮行为又持续了近 200 年,直到 19 世纪初才停止。

据统计,裁判所自伊莎贝拉女王建立到被废止的三百四十年间,共有 38 万人被裁定为异教徒,其中被烧死的竟达到 10 万人!

　　而今的马约尔广场一派歌舞升平,年轻人在此地弹奏着吉他,广场周边的小饭馆里满是饮酒高歌的欢乐之人,有谁会想到,在200年前,这里曾经是一个沾满血腥的地方呢?

马约尔广场

马约尔广场档案

建造时间:公元1619年。

长度:128米。

宽度:94米。

构成:由周围四层高的建筑围建而成,广场中央是费利佩三世的骑马雕像。

改建:广场曾三次遭遇火灾,灾后均进行重建,公元1953年广场重建后的模样一直留存至今。

作用:可举行奢华的皇家典礼,进行斗牛等活动,也是游客聚集之处。

凡尔赛宫能有今天只因妒忌？

凡尔赛宫是法国最负有盛名的宫殿，它的富丽堂皇堪称法国一绝，也因此成为法国三代帝王的居住之所。

令人大跌眼镜的是，最初的凡尔赛宫非常朴素，几乎与华丽绝缘，可是后来却突然被大肆扩建装修，成为当时法国最美丽的宫殿，这是怎么回事呢？

路易十四画像

此事还得从公元 1624 年说起。

当年，法国国王路易十三用一万里弗尔的价格买下了一片面积达 117 法亩的森林、荒地和沼泽区，然后在这块土地上盖了一座仅有两层的红砖楼房，这就是凡尔赛宫的雏形。

当时的凡尔赛宫只有 26 个房间，一楼是储物室和兵器库，二楼是国王和随从的房间。

后来，路易十三的儿子路易十四登上了皇位，突然发生了一件事，让凡尔赛宫的地位来了个翻天覆地的变化。

那是在路易十四 23 岁的时候，法国财政大臣，也是法国最富有的人尼古拉斯·富凯邀请年轻的国王到自己家中参加舞会。

富凯早在路易十三时期就已经崭露头角，到了路易十四掌权时，他的仕途达到了顶峰。

当时，巴黎百姓因不满皇室的搜刮，用石块袭击了红衣主教马萨林的窗户，于是，一场长达五年的投石党运动展开了。

富凯坚决支持马萨林和国王，因而得到皇室的重用，被升任为财政大臣。

升官后的富凯不停地进行金融投机活动，大大地捞了一笔，他把自己的家装修得美轮美奂，自作聪明地以为在国王面前不会丢脸，谁知这一举动却给他带来了灭顶之灾。

在舞会当晚，路易十四来到富凯家后，富凯亲自殷勤招待。

路易十四看着偌大的建筑群，脸色顿时阴暗下来，阴阳怪气地说了句："你的家不错啊!"

富凯没有留意到国王的神色,不识时务地说:"还好吧!我也没怎么装饰。"

听到这句话,国王更加不悦了。

接着,富凯带国王参观自己的家,路易十四发现喷泉特别多,就讽刺道:"你家的喷泉好多啊!"

富凯仍旧没发现不对劲,还一个劲地自夸:"我家一共有 250 座喷泉,国王陛下!"

巴黎市民攻下凡尔赛宫

凡尔赛宫图(现藏于凡尔赛美术馆)

当晚,路易十四的心中充斥着妒忌的火苗,他气得手脚都在发抖,一支舞都没跳,就早早地走了。

几周后,富凯突然被逮捕,理由是犯了贪污罪,国王对他进行了三年的审讯,最终判处他无期徒刑,而富凯的所有财产一律没收,进了国王的腰包。

尽管妒忌,可是路易十四仍旧惊叹于富凯家的华丽,他觉得自己身为一个国王,住的宫殿怎么能比一个大臣差呢?

于是,他找来为富凯修建府邸的设计师勒诺特和工程师勒沃,命令二人建造一座崭新的皇宫,经过再三考虑,新宫殿的选址定在了凡尔赛。

路易十四为此又征购了 6.7 平方公里的土地,然后野心勃勃地去建造能令所有建筑汗颜的宫殿。

到了公元 1710 年,凡尔赛宫终于建成,它立刻成为欧洲最雄伟、最豪华的宫殿,在其全盛时期,里面的人口数量竟达到 36 000 名之多!

有意思的是,凡尔赛宫竣工后,其构造和风格与富凯的家极其相似,因为设计师和工程师都是同一人!

随后,路易十五和路易十六又分别在凡尔赛宫的基础上进行了扩建,让凡尔赛宫越发宏伟典雅。

　　可惜的是,后来法国爆发了轰轰烈烈的资产阶级革命,凡尔赛宫中的很多物品被民众洗劫一空,剩下的则移至罗浮宫。

　　到了公元 1833 年,国王才下令修复这座宫殿。

　　从此,凡尔赛宫便作为历史博物馆留存至今。

凡尔赛宫档案

建造时间:公元 1661—1689 年。

面积:总占地 111 万平方米,其中建筑面积为 11 万平方米,园林面积为 100 万平方米。

构造:2 300 个房间、67 个楼梯和 5 210 件家具。

地位:世界五大宫之一(其他四宫为:北京故宫、英国白金汉宫、美国白宫和俄国克里姆林宫)。

重要事件:

公元 1783 年,英美在此签订《巴黎和约》;

公元 1871 年,梯也尔政府在此策划镇压巴黎公社的血性计划;

公元 1919 年 6 月 28 日,英法美与德国签订《凡尔赛和约》,第一次世界大战结束。

拿破仑被囚禁后，凯旋门为何没有停工？

一说起凯旋门，人们总会想到巴黎，其实欧洲有很多凯旋门，而凯旋门的发源地并不在法国，而是在罗马。

不过，巴黎的凯旋门是欧洲所有凯旋门中最大的一座，它之所以能在法国矗立起来，与一个人有着莫大的关系，那人就是法国著名的政治家和军事家拿破仑。

拿破仑在奥斯特里茨

拿破仑在 18 世纪末 19 世纪初发迹，他的野心很大，也非常好斗，所以很难不与其他国家发生冲突。公元 1804 年，法国政府处死了波旁王室的安茹公爵，导致英俄与法国之间的矛盾最终爆发。当时，拿破仑作为法国第一执政官的态度是：你们联合就联合，看谁斗得过谁！

第二年，拿破仑又不满足于当法国皇帝，他跑到意大利，让教皇为自己和皇后约瑟芬加冕，直接晋级为意大利国王，他还让自己的继子欧仁代为管理意大利，完全不把神圣罗马帝国放在眼里。

这样一来，把神圣罗马帝国的奥地利皇帝弗兰兹二世给气得要死，奥地利立即与俄国结盟，宣布与拿破仑作战。

拿破仑听到这个消息也没慌张，毕竟他习惯了在马背上生活。

公元 1805 年 12 月，奥斯特里茨战役打响，拿破仑率领 73 000 法军在捷克击溃了 86 000 人的俄奥联军，迫使第三次反法同盟再一次瓦解，而奥地利皇帝也只得取消了神圣罗马帝国的封号。

经过这一场以少胜多的战役后,拿破仑春风得意,他想造一座雄伟的建筑来歌颂自己的丰功伟绩。

他在脑中浮现的第一个场景,就是罗马那些众多的凯旋门,凯旋门是为迎接胜利的将士而修建的巨型拱门,一般有三个拱洞。于是,拿破仑就命著名设计师让·夏格朗和赖蒙一起主持修建凯旋门。

公元 1806 年,凯旋门开始动工修建,当时还发生了一件趣事,两位设计师因意见不合,整整争执了两年,最终赖蒙一气之下愤然辞职,凯旋门就按照夏格朗的思路进行了修建。

巴黎凯旋门不同于罗马的凯旋门,它只有一个拱洞,也没有柱子,简单大气,直接体现出雄伟的力量。

可惜拿破仑等不到凯旋门落成的那一天了,公元 1815 年,他在滑铁卢战败,被英国人流放至圣赫勒拿岛,直至离世,也没能返回法国。

既然皇帝都倒台了,凯旋门也就失去了建造的理由,于是一度停工,任这个半成品在风雨中飘摇。

紧接着,波旁王朝在法国复辟。照理说波旁王朝是极其厌恶拿破仑的,却又为何没有毁掉凯旋门呢?

原来,这都是由民众对拿破仑的崇拜所致,即使战神失败,拿破仑在法国人心目中的形象依旧伟岸崇高。

凯旋门上的浮雕

铭记拿破仑丰功伟绩的凯旋门

公元 1830 年,波旁王朝在民众的压力下,将拿破仑的塑像又重新树立在了旺多姆圆柱之上。同年,波旁王朝下台,凯旋门得以重建,而此次开工后就再也没停过,六年后,凯旋门终于落成。

公元 1840 年,法国七月王朝将拿破仑的遗骸从圣赫勒拿岛运回巴黎,法国国王亲扶灵枢,文武百官和百万巴黎市民前来接灵。

运送队特地从凯旋门下经过,这座令拿破仑心心念念的建筑,如今终于迎来了它的主人。

巴黎凯旋门档案

建造时间:公元 1806 年 8 月—公元 1836 年 7 月。

别称:雄狮凯旋门。

高度:49.54 米。

宽度:44.82 米。

厚度:22.21 米。

中心拱门:高 36.6 米,宽 14.6 米。

构造:四面都有门,门楼是四座支柱,中间有电梯,拱形圆顶上有三层房间,最顶层是小型博物馆,中间层是法国勋章、奖章陈列馆,最底层为警卫处和会计室。

地位:世界现存最大的圆拱门。

地理位置:巴黎市中心戴高乐广场中央的环岛上面。

附加设计:因凯旋门造成交通堵塞,法国政府在 19 世纪中叶修建了圆形的戴高乐广场,该广场有十二条道路,每条道路有 40~80 米宽,呈放射状,中心为凯旋门,如同放射光芒的明星一般,所以该广场也叫明星广场,凯旋门又叫"星门"。

埃菲尔铁塔的真实用途是什么？

浪漫的法国巴黎，有一座浪漫的建筑，它就是全部由钢铁构成的埃菲尔铁塔。长久以来，铁塔已经成为巴黎的象征，被打上了浪漫的烙印。

埃菲尔铁塔建造于 19 世纪末，它的出现真的是政府为了让巴黎充满浪漫气息吗？

说出来恐怕大家都要失望了，巴黎政府可不是爱幻想的小女孩，他们建造的目的只有一个，那就是赚钱！

古斯塔夫·埃菲尔

由此看来，埃菲尔铁塔实际上是一座沾满了铜臭味的建筑，而且起初官方并没有把它当作永久性建筑，决定等吸引到足够的旅游者买票参观后，就将其拆除。

那么，铁塔究竟是怎么来的呢？

公元 1885 年，法国政府决定建造一座具有独特吸引力的大型建筑，用来庆祝四年后举办的法国革命胜利一百周年博览会。

第二年，政府特别为此创办了一个设计大赛，结果征集起来的创意五花八门，有些令人哭笑不得。比如，有人说要建一个巨大的断头台，还有人则说要造一个巨大的电灯，好让巴黎人在夜晚不用再点灯看书，这些提议让政府官员大皱眉头。

就在大赛如火如荼地开展时，一位名叫古斯塔夫·埃菲尔的工程师有了主意：造一座铁塔，岂不是又轻巧又坚固吗？

于是，他将自己的想法告诉了一位法国大臣，并亲手绘制了 5 329 张铁塔草图，以便说明建构铁塔的 18 038 块金属的不同用处。

大臣为埃菲尔的设计拍案叫绝，便动用手段让埃菲尔胜出，又过了一年，埃菲尔便与政府签订了合约，开始修建这座前无古人的铁塔。

埃菲尔虽然是个工程师，但也是位精明的商人，他料到铁塔定会在漫长的时间里吸引大批游客。

于是,他开始劝说政府在博览会结束后保留铁塔,最终双方达成了一致:埃菲尔支付建造铁塔的总预算 160 万美元中的 130 万,换取铁塔在博览会期间和今后二十年间因铁塔而收获的各项收入。

看到这里,大家是否很失望?还会说巴黎铁塔浪漫吗?

公元 1887 年 1 月 26 日,埃菲尔铁塔破土动工,此时距离博览会的开幕仅剩两年时间,而仅有铁塔一半高的华盛顿纪念馆花费了 36 年才完成,所以在工期上,埃菲尔所面临的压力是巨大的。

与此同时,巴黎民众的反对声也是一浪高过一浪,大家抗议铁塔会拉低巴黎的天空,并压制巴黎其他的地标,有一位教授甚至断言,铁塔盖到 748 英尺后会轰然倒塌。

此时,埃菲尔顶住了所有压力,继续加快进度,让铁塔越来越高。

兴建中的埃菲尔铁塔

扫一扫
获得埃菲尔
铁塔档案

由于从未有人造过这么高的建筑,埃菲尔必须万分小心,谨防铁塔出现一丝一毫的纰漏,届时导致的可能是巨大的灾难。

为此,他特地在铁塔的底部装了一台水压泵,以便在施工时微调塔墩的高度,减少铁塔的误差。

最终,铁塔的建造效果令埃菲尔惊喜:不仅建造费用比预期的要少,而且还造得比预定的要快,在博览会举办一个月前就完工了。

这样,在半年内,埃菲尔就凭借铁塔赚了 140 万美元,将投资完全收回。接着,这位 59 岁的工程师靠着铁塔,在晚年成了大富翁。

伦敦塔关押囚犯，为什么会"闹鬼"？

悲情皇后安妮·博林

公元 1536 年的春天，伦敦著名建筑——伦敦塔内迎来了一位地位尊贵的犯人，她就是英国国王亨利八世的第二任妻子、王后安妮·博林。

安妮曾经只是一个地位卑微的侍女，由于被国王青睐而平步青云，在她最显赫的时期，有超过 250 个仆人伺候、60 个贵族侍女陪伴，排场之大，令人惊叹。

想当初，亨利八世被她迷得神魂颠倒，不惜将第一任妻子凯瑟琳赶出王宫来追求安妮，安妮则采取了欲擒故纵法，拖了很久才接受国王的爱意，并与之成婚。

没想到亨利八世是一个花心大萝卜，在结婚仅三个月后就对安妮失去了兴趣，转而勾搭上其他侍女。幸好当年安妮为他生了一个女儿，夫妻二人的关系才稍有缓解。

亨利八世极想要一个儿子，而安妮在婚后三年的时间里所怀的一男一女均不幸流产，让暴戾的亨利八世失去了耐心，他给安妮安上了一个通奸的罪名，将王后及其父兄全部以叛国罪打入大牢。

这还不算，安妮不久将会迎来死神的召唤。这是因为，安妮是个野心极大、很有手段的女人，她可不像凯瑟琳那样懦弱，在面对皇室争斗时，她绝对会成为亨利八世的一大麻烦。

于是，安妮在被关入伦敦塔的两周后，就被执行了死刑，在塔内的绿地上由一位骑士砍下了她的脑袋。

仅仅用了三年的时间，安妮从一个下等侍女成为尊贵的王后，而后又迅速变成阶下囚，并为之殉命，这期间的变化真是令人唏嘘。

从此，伦敦塔的恐怖传说便流传开了。

在往后的岁月里，伦敦塔不断有人被处以极刑，这其中有显赫的贵族，也有威胁国家安全的恐怖分子。

国王为了巩固自己的统治,将伦敦塔变成了一座恐怖的监狱:无数叛国者在桥下被割下头颅,涂上防腐的沥青,挂在塔上示众,这些血腥故事无不让今日的游客们胆战心惊。

由于不断有游客说伦敦塔"闹鬼",科学家便带着仪器在塔内展开了调查。

他们发现,塔内的某些地点拥有异常强烈的磁场,加上气流在通过狭窄空间时会发出尖锐的呼啸、塔内的光线也比较昏暗,这一切均会对游客的心理产生影响。

此外,那些"闹鬼"的地方会发出令人躁动不安的次声波,火苗也会随之摇曳不定,容易让人产生对幽闭环境的恐惧感,这一切都会导致游客以为自己遇见了"鬼魂"。

公元 15 世纪诗稿中的伦敦塔

伦敦塔

还有一点,伦敦塔外的草地上栖息着很多乌鸦,据说至少有六只乌鸦在塔内生活了数个世纪。

由于乌鸦是神话中通灵的动物,这一点也会增加人们的不安感。

其实，说伦敦塔"闹鬼"的大多是英国游客，他们因为熟知历史，所以对伦敦塔有一种根深蒂固的畏惧。即便如此，"鬼魂"的传说也丝毫不影响伦敦塔的地位，它仍是世界上最著名的建筑之一。

伦敦塔档案

建造时间：已知最早建于此处的要塞，是罗马帝国皇帝克劳狄乌斯用来保护伦迪尼乌姆的罗马城堡。在公元 1078 年，征服者威廉命令人建造白塔以保卫诺曼人免受那些住在伦敦市的人的袭击并保卫伦敦免受其他人的攻击。较早时的要塞（包括罗马的那个）都是用木材建造的，不过，威廉命令他的下属用他从法国运回来的石料来重建那座塔。

趣闻：根据传统，傍晚过后至隔天早晨期间，无论是什么理由任何人都不可以进入或离开伦敦塔；为了尊重古老的传说，现在的政府仍然负担开支，在塔内饲养渡鸦，相传只要塔里还有乌鸦，英格兰就不会受到侵略，反之，国家将会遭逢厄运。

太阳船博物馆真能让死者复生吗？

古埃及人渴望永生，尤其是法老，所以他们修建了很多金字塔。

据说金字塔是通往天国的通道，法老可以在塔内先进入冥界，通过冥神的审判，然后成为天上的神灵。

可是到了如今，金字塔的这个神奇功能却不见了，取而代之的则是埃及的太阳船博物馆，这是为什么呢？

原来，法老要想升天，都必须乘坐一种交通工具，那就是太阳船。

很多法老都会为自己建造太阳船，当法老被制成木乃伊后，就会从金字塔旁边的神庙里被搬出来，然后埃及人需要进行一系列仪式，象征着"过冥河"。

人们把死者木乃伊装到太阳船上，运走安葬

接着，人们抬着木乃伊从太阳船上走过，然后将干尸送入金字塔中的墓穴，象征死去的法老坐船到达了冥府，见到了冥神荷鲁斯，等待冥界的审判。

与中国人类似的是，古印度人也有超度亡灵的做法，他们会将大量纸做的马、车、珠宝、家具等堆在太阳船下，连船带物用火一把烧掉，所以太阳船虽然很多，最后保留下来的却非常罕见。

埃及最大的金字塔的主人——胡夫法老却将自己的太阳船保留了下来，而且一造就是两艘，藏匿在胡夫金字塔里，两船的历史均超过了 4 500 年。

公元 1954 年 5 月，有考古学家在胡夫金字塔南侧的一个石坑里发现了一艘太阳船，石坑长 31 米，宽 2.6 米，深 3.5 米，封闭得严丝合缝，可以说是风雨不透。

专家掀开石板一看，太阳船被拆成 650 个部件，整齐有序地搁置在石坑里。

有意思的是，太阳船由黎巴嫩杉木制成，这种木头质地坚韧，抗腐蚀能力强，还能散发出淡淡的香气，是做船的上等材料。但埃及本土是不产这种木材的，显然，

荷鲁斯(右)

法老为了"升天",耗费巨资运来了这些杉木。

另一点让人惊奇的是,这艘太阳船大约有四千个洞眼,靠木头遇水膨胀、棕绳紧缩的原理去堵塞缝隙,展现出古埃及人精湛的造船工艺。

专家们用了 14 年的时间才将这艘太阳船修复成功,该船长 43.4 米,最宽为 5.9 米,船头高 6 米,船尾高 7.5 米。近船尾处又有两间船舱,均长 9 米宽 4 米,前一间放置木乃伊,后一间是船长的指挥室,船身中央左右各配五支船桨,船尾另有两支,每支桨长 8.5 米,需两名水手操作。

最早被发现的胡夫太阳船是埃及最大的太阳船,为了妥善地安置它,埃及人建了一座太阳船博物馆。

该馆共有三层,最底下一层是发掘太阳船的坑穴原址;中间一层则陈列着图片、数据和船上的碎席片及棕绳等零碎物品;最上一层是胡夫太阳船。

博物馆被造得就像一艘石舫,让游客一看就知与船有着密切的关系。

看来如今法老若想寻找太阳神拉,只能去太阳船博物馆寻求升天之法了!

太阳船博物馆档案

建造时间:公元 1982 年。

耗资:数百万埃镑。

地理位置:埃及吉萨胡夫大金字塔南侧的古太阳船挖掘现场。

特点:馆内恒温 23 度、恒湿 60%,采用了防腐与防污染的高科技方法,人们进入博物馆必须套上特制的鞋套。

地位:藏有世界上现存的最完整、最壮观的古船只,对科学家研究古埃及造船技术和经济生活具有重大帮助。

胡夫太阳船的复制品

"七星级"的帆船酒店到底有多奢侈？

在日常生活中，很多人只听说过五星级酒店，并没有真正入住过。

谁知强中自有强中手，远在中东的迪拜居然建造出一个"七星级"酒店，也就是如今为人们津津乐道的帆船酒店，这实在让那些五星级酒店汗颜啊！

然而事实却是，迪拜和中国一样，是没有七星级标准的，最多也就五颗星，那么它为什么会被评上"七星"呢？

公元1999年12月，帆船酒店首次开业，在正式迎宾之前，先在酒店内部举办了一场记者招待会。

酒店因形似帆船而得名，是由迪拜王储提议，知名企业家投资修建的，迪拜皇室一向喜爱奢华，所以帆船酒店自然也是金光闪耀，富贵之气迎面扑来，让那些记者还未参观，就已在内心感叹不已。

这其中就包括了一名英国女记者，该记者一进大厅，就发出阵阵惊叹。

原来，她目之所及，全是闪烁着璀璨光芒的黄金，甚至连一张便条纸都镀满了金子，更别提那些烟灰缸、衣帽架了。

"太豪华了！"女记者激动地声音都在发抖，这些制造出来的"黄金世界"的效果相当震撼。

当女记者步入房间后，立刻又惊呼起来。

原来，这里的房间，最小的都有170平方米，而且全是落地窗，可以将对面的阿拉伯海一览无遗。

"尊贵的女士，很高兴为您效劳。"一位管家紧跟了过来，开始详细地为女记者讲述房间的各种高科技设备的使用方法，而后者则发现浴室里的所有用具都是名牌，浴缸也有按摩功效，便更加惊讶地合不拢嘴了。

当她来到最豪华的皇家套房时，简直快要晕倒了，因为这种房间足足有780平方米，还配有管家、厨师、服务员等七人，完全将顾客当成了皇帝在服侍。

随后，女记者出发去水下餐厅用餐，一艘潜水艇很快就来到码头，将女记者带入了海底世界，虽然只开了三分钟，人们却能从艇里看到各种五彩斑斓的鱼类，真是美不胜收。

"太美妙了！称它为七星级酒店都不为过！"整整一天，那名英国女记者都在惊呼声中度过,她回去后写了一篇报道,大加赞赏帆船酒店,称该酒店完全可以评上"七星级"。

很快,帆船酒店因这个女记者而出名了,大家都知道在迪拜有一座世界上唯一的七星级酒店,便纷至沓来,想一窥究竟。

帆船酒店的管理层也乐得接受这个特殊的头衔,虽然他们在官网上不敢明目张胆地自称七星级,而只敢说酒店是"特殊级",但七星级的名号早已打响,帆船酒店作为世界上最奢华的酒店,真的是当之无愧。

帆船酒店档案

学名:阿拉伯塔酒店。

外号:阿拉伯之星。

建造时间:公元 1994—1999 年。

使用钢铁:9 000 吨。

地基桩柱:250 根(位于海下 40 米)。

高度:321 米(加上塔尖,主体建筑在 200 米左右)。

层数:27 层。

房间数:202 间。

帆船酒店

地理位置:离海岸线 278 米处的人工岛上。

套房面积:170~780 平方米。

价格:900~18 000 美元。

睡房结构:所有房间都为上下两层,天花板上有一面与床一样大的镜子,最高级的总统套房有一个电影院、两间卧室、两间起居室和一个餐厅,出入则有专用电梯。

交通设置:酒店有八辆宝马和两辆劳斯莱斯接送房客往返机场,酒店顶层有一个机场,配置了直升机,可让房客俯瞰迪拜 15 分钟。

其他配置:占用两层楼的健身房,二十四小时服务,是全世界最大最先进、服务态度最好的旅馆健身场所。

地位:世界第一家七星级酒店、世界最高的酒店。

哈利法塔是如何成为世界最高建筑的?

从古至今,人们对天空有着异乎寻常的崇拜,很多人尝试着飞上天空,以便能接近那神奇的所在,而建筑物的高度也是越来越高,恨不得能深入云端,傲视地球上的一切。

在古代,科技没那么发达,人们想建高楼也建不起来,可是到了今天,让建筑变高已不是什么难事。

目前,全球最高的建筑在哪里呢?

就在富得流油的中东迪拜,它的名字叫迪拜塔,后改名为哈利法塔,是世界上最高的建筑。

要说为什么要建哈利法塔,还得归功于迪拜酋长的野心,迪拜不缺钱,而且又在大力发展旅游业,多建点令人惊叹的建筑不是更好吗?再说,"世界第一高"这个头衔,绝对能让迪拜在全球制造起轰动效应。

于是,酋长便找来了美国著名设计师阿德里安·史密斯,表达了建第一高楼的想法。

阿德里安是个很有想法的人,他曾经建造了上海的金茂大厦、北京的凯晨广场,所以也为中国的建筑行业所熟知,但是要建一座特别高的大厦,这对他来说还是头一次。

到底要建多高呢?这是阿德里安首先需要考虑的问题,也是最重要的问题。

迪拜与其他国家不同,它盘桓在风沙肆意的沙漠里,而且夏天又有雷雨,要想建第一高楼,就得做好防风沙和抗雷击的准备,这无疑增加了技术难度。

另外,如今的电梯最高能达到 600 米,如果建筑超过这个高度,人们就得转两次电梯了,所以建得太高,不见得有人会喜欢。

可是既然目标是世界第一高,为何不放手一搏呢?

此刻,一个新奇的想法在阿德里安脑海中蹦出来:不如将哈利法塔做成一个可以"生长"的高楼,到时想让它"长"多高,就能"长"多高,完全不用担心会被后来者居上。

阿德里安马上动手去设计自己的思路,他计划给哈利法塔安一个"脊椎",就是当哈利法塔达到 700 米时,给其内部设计一种螺旋形的钢管结构体,这个螺旋管可以用液压千斤顶提升，并一直延伸到楼顶，如此便能支撑大楼的高度了。

这真是个前所未闻的想法，当建筑师们听完后都表示支持，于是，哈利法塔便旺盛地向上"生长"，一直增加到如今的八百多米。

高度确定了，哈利法塔又该建成什么样的形状呢？

扫一扫
获得哈利法塔
档案

兴建中的哈利法塔

某一天，当阿德里安从酒店的房间里出来，穿过大厅的时候，他的目光被几盆搁置在墙边的蜘蛛兰吸引住了。

蜘蛛兰是沙漠特有的植物，其花瓣有六瓣，长成 Y 形，看起来像正在爬行的蜘蛛一样。

有了！只要根基稳固，建成蜘蛛兰那样的不是采光很好吗？而且角度也好，能够看到海呢！阿德里安兴奋地想。

他马上设计了一种 Y 形建筑的草图，哈利法塔在他的笔下被画成了拥有三个翼的高楼，且三个翼相互间呈 Y 形矗立，此外，在大厦的中央有一个六边形的核心筒，形似蜘蛛兰的花茎，能稳固有力地支撑起三个翼。

在几何学中，三角形是非常稳定的结构，这种设计既增加了哈利法塔的抗扭性，又给人一种简洁利落的感觉，确实再好不过了。

经过六年的时间，哈利法塔终于在人们的期待中完工，这座建筑不负众望地摘取了第一高楼的美誉，并成为新的旅游景点，不过楼顶与楼底的温度相差十度，游客们可要注意哦！

第二章

美好的不只是建筑

海底金字塔是不是亚特兰蒂斯帝国的遗址？

在广袤的太平洋海面上，有一处赫赫有名却又令人不寒而栗的地域，那就是呈三角形的百慕大地区。

百慕大是地球上最神秘的区域之一，据说有无数的飞机、轮船在经过该地时，都离奇地失踪了，从此再也难让人寻找到它们的踪影。

这样的事情发生的次数多了，各种谣言也就传开了，有人说百慕大是外星人控制的地方，所以不欢迎地球人来打扰，还有人说百慕大里住着一个人们从未见过的种族，他们为了避开人类，便会去阻止人们征服百慕大。

众说纷纭之后，科学家丝毫不畏惧百慕大的可怕，决定对其进行缜密的调查。

没想到这一查，让一座神奇的建筑物出现在了世人面前。

科学家们发现，在百慕大的海底，矗立着一座人们闻所未闻的金字塔。这座建筑物的神奇之处在于，它的表面光滑无比，甚至有些部分呈现出半透明的模样，显然，它并非如埃及金字塔一般用石头建造，而很有可能是用水晶或玻璃做成的。

这座海底金字塔的塔尖距离海面仅一百米，而要命的是，它的塔身上破了两个大洞，这样一来，海水就会从洞里急速穿行，制造出速度惊人的漩涡，难怪百慕大一带总是掀起滔天巨浪，海面上也总是雾气氤氲了。

可是，谁会把金字塔建在海底呢？就算古人的技术再先进，也无法对抗海底巨大的水压吧？

于是，一些学者经过一番研究，得出一个结论：海底金字塔原本就是在陆地上的，是亚特兰蒂斯古国的产物，只可惜在公元前 10 000 年，太平洋的海底爆发了一场大地震，亚特兰蒂斯大陆被一场前所未有的大洪水卷入海底，古国的金字塔从此在海底长眠。

另有一些学者的结论更神奇，他们认为海底金字塔是亚特兰蒂斯人进入海底后，在水下建造的，为此，他们还指出了发生在公元 1963 年的一个证据。

当年，美国海军行至波多黎各东南部的海面上时，突然发现自己的舰船旁边有一个不明物体在高速潜行。

海军总司令的第一反应是：该不会是苏联的潜艇吧？

于是，他立刻派出一艘驱逐舰和一艘潜水艇去追寻那个物体。

没想到该物体速度奇快，而且竟能下潜至八千米以下的深海，连声纳探测仪都无计可施，结果美军在追了四天后，被迫放弃。

这时，海军司令才意识到，连美国都不能制造出如此功能强大的潜艇，更别提苏联了，看来这地球上另有一些能人啊！

那些能人是不是亚特兰蒂斯人呢？

中世纪所绘的亚特兰提斯地图，它位于大西洋中部，上方是南方，左边是非洲和欧洲南部，右边是美洲

目前没有确凿的证据，所以无法断定，但以上两种学者的论断尽管有出入，却都在推测海底金字塔是亚特兰蒂斯帝国的遗址。

若真如此，那海底金字塔的历史可就悠久极了，埃及金字塔与它相比，根本不在一个重量级。这是为什么呢？

因为根据传说，亚特兰蒂斯已经存在了几百万年，而该帝国的消失又在 12 000 年前，所以海底金字塔的寿命少说也有 12 000 年了！

难怪科学家会对海底金字塔如此迷惑，因为凭借人类目前的技术，根本就造不出这种水晶金字塔，要知道，想要让大块玻璃完好无损地存在于超过十英尺深的水里，机率仅仅只有百万分之一！

海底金字塔档案

建造时间：12 000 年前。

塔底边长：300 米。

高度：200 米。

体积：比陆地上的任何一座金字塔都要大。

质地：可能是玻璃或水晶。

地理位置：北美佛罗里达半岛东南部的海底。

作用：或为亚特兰蒂斯人贮藏食物的场所。

同类建筑：

1. 琉球群岛中的与那国岛西南方的巨大海底金字塔，宽度为 240 米。

2. 葡萄牙首都里斯本以西约 1 500 千米的海底金字塔，该建筑的宽度竟达到了惊人的 8 000 米，高度为 60 米。

第一届奥运会是在哪里举行的？

　　每隔四年，全球都会为一项盛大的赛事而血液沸腾，那便是奥运会，它是展现人类完美力量的最著名盛事之一。

　　每隔四年，各个国家都会为争夺奥运会的举办权而展开激烈的竞争，那么，第一届奥运会是在哪里举办的呢？

　　奥运会诞生于公元1896年，而当时的国际奥委会在巴黎，所以可想而知，巴黎是争取奥运会的热门城市。

　　这时，另一个城市不甘示弱地跳出来与巴黎争，那就是拥有悠久文明的希腊，况且希腊是奥林匹克运动的发祥地，更加具备说话权。

　　最终，希腊不负众望地击败巴黎，成为第一届奥运会的举办国。

　　那么，希腊政府又将在哪里展开这一盛事呢？

　　方案很快出炉，那就是雅典竞技场。

　　这是一个17世纪末由雅典富商扎巴和阿维诺夫出资修建的体育场，该场地可容纳四万名观众，这在当时来看，已经足够了。

　　没想到，就在一切似乎已尘埃落定时，却出现了一场意外，差点让奥运会延期，也差点让希腊丧失第一届奥运会的举办权。

　　原来，希腊直到公元1829年才正式独立，这个刚刚恢复主权的国家国力衰弱，拿不出那么多钱来举办运动会。当时的首相特里库皮斯态度坚决，提议要让奥运会延期举行。

　　当国际奥委会秘书长顾拜旦和国际奥委会主席维凯拉斯听到这一消息后，均大惊失色，两人连夜坐飞机赶往雅典，请求年轻的希腊王储解决这一难题。

　　希腊王储被说服，批准奥运会如期举行，而首相特里库皮斯则在重压之下引咎辞职。

　　接下来的问题便是，还有两年就是奥运会了，那么多经费该从哪里来？

　　奥运会组委会不得不求助于民间，他们发起了全国性的募捐活动，用演讲来使人们相信，每个人都是奥运会的创造者。

　　希腊政府也采取了措施，发行了一套以古奥运会为题材的纪念邮票，但罕有的是，邮票的售价要高于面值，不过依旧让人趋之若鹜。而希腊政府也没料到，自己的这一举动无意间为奥运会增加了一个新的集资方法,此后每一届奥运会在开展前,举办国的政府都会发行纪念邮票。

可是希腊百姓很穷,靠他们集资也凑不了多少钱啊!

还好一位叫乔治·阿维罗夫的希腊富豪站了出来,他宣布为奥运会捐赠一百万德拉克马,这才最终解决了资金问题。

由于阿维罗夫的支持,雅典竞技场得以翻新,民众们为了纪念他,还在竞技场的入口建起了一座阿维罗夫的塑像。

公元 1896 年 4 月 6 日下午 3 点,第一届夏季奥运会终于在雅典顺利开幕,当天共有 13 个国家的 311 名运动员进入雅典竞技场,其中东道主希腊的阵容最大,为 230 人,达到了参赛选手的三分之一。

在短短十天的比赛中,诞生了多项世界纪录,而在雅典竞技场的 U 形跑道上还发生了一件趣事,成为人们的笑谈。

当时在一百米赛跑中,当所有运动员在起跑线或站或弯腰时,只有美国运动员伯克采用了一种"奇怪"的姿势,那就是如今的蹲踞式。

当伯克在做这一动作时,观众席爆发出一阵嘲笑声,但紧接着,大家的神情就变成了惊讶,因为他们看见伯克跑在最前面,并夺得了比赛的冠军!

四月十五日,雅典竞技场举行了奥运会闭幕仪式,国王乔治一世向获奖运动员颁发奖牌。

有趣的是,由于那个年代的希腊人把黄金和赌博混为一谈,所以第一届奥运会的冠军得主拿到的不是金质奖牌,而是银牌,而亚军和季军则都是铜牌,这也是第一届奥运会的另一个奇特之处了。

雅典竞技场

扫一扫
获得雅典
竞技场档案

麦加大清真寺为何能成为穆斯林朝觐的圣地？

有宗教的地方就有寺庙，尤其是在宗教气氛浓郁的国家，寺庙更是数量巨大，且相当雄伟。

在伊斯兰教的圣地麦加，矗立着一座规模宏大的清真寺——麦加大清真寺，这也是伊斯兰教最大的一座清真寺，据说它的建造者不是别人，正是穆斯林敬仰的先知易卜拉欣。

没人知道易卜拉欣降临的具体年代，只知道他在很久很久以前就来到了人间，他说他是真主阿拉的至交好友，特地前来教化众生。

"阿拉是谁？为什么我们没听说过？"民众们不解地问。

于是易卜拉欣就给大家解释，说阿拉是宇宙中唯一存在，且地位最高的主宰，只有信奉祂，才能获得强大的庇护。

可惜大家听完只是一笑而过，根本就不信易卜拉欣的言论，的确，谁会去信一个从未听说过，也从未出现过的神呢？

在当时的中东，人们崇拜各种偶像，不光是神明，也有动物和人。为了表达自己的虔诚，很多人还在家里设了一个朝拜偶像的神坛，每日叩首，祈求保佑。

易卜拉欣在看到这种情况后十分焦急，尤其是当他发现无论自己怎么劝说，他

麦加大清真寺

那固执的父亲就是不肯相信阿拉的存在时,才明白光靠说教是没用的。

于是,他不得不求助于真主阿拉,安拉便传授给他让死物复活的能力。

第二天,易卜拉欣召集麦加的百姓,宣称自己是阿拉的使者,特地下凡来号召人们信仰阿拉,如果谁要质疑阿拉的能力,不妨先看一下他的证明。

民众们都好奇地瞪大眼睛,不知易卜拉欣葫芦里卖的是什么药。

只见易卜拉欣从笼子里拿出四只鸟,用刀子将鸟儿一一肢解,然后将飞鸟的各个部位分别放置在四座高台之上。

紧接着,他大声念起咒语,那些死去的飞鸟竟然一下子从高台上跳了起来。

"啊!"人们发出接二连三的惊呼。

那些飞鸟自动组合了身体,转眼间又叽叽喳喳地在天上翱翔了,仿佛从未死去一般。

"怎么样,我没骗你们吧! 阿拉的力量是强大的!"易卜拉欣征询大家的意见。

好多人开始点头,可是一些老人却颤颤巍巍地说:"就算阿拉强大,我们信奉的神更强大! 我们是不会更改信仰的!"

百姓们听到这番话,又纷纷发出附和声,他们不再理睬易卜拉欣,回到家里继续朝拜他们的神明。

易卜拉欣很着急,他见人们执迷不悟,索性跑到神庙中,将那些泥雕、铜像砸了个粉碎。

这一下,麦加全城都震怒了,人们抓住了易卜拉欣,用拇指般粗的绳子将他捆了个五花大绑,要将他处以极刑。

易卜拉欣却哈哈大笑,告诉人们:"你们杀不了我,因为我与阿拉同在!"

没有人相信他的话,行刑者早已在广场上燃起熊熊大火,迫不及待地将易卜拉欣丢入火堆,民众将广场挤得水泄不通,等着看亵渎神明之人的悲惨下场。

土耳其画师于公元 1787 年所绘的麦加大清真寺及其周边的宗教圣地光明山

谁知,在这千钧一发之际,奇迹出现了!

只见易卜拉欣身上的绳子被火烧断了,易卜拉欣居然毫发无伤地从火焰中走出来,大声对人们讲授伊斯兰教的教义。

百姓们无不惊叹,纷纷臣服于阿拉的脚下,他们念诵着阿拉的名字,发誓从此信仰真主。

易卜拉欣便成为麦加的圣人,每天为人们讲解经文,后来他和儿子为了让人们有一个朝觐阿拉的圣寺,就修建了一座特别巨大的清真寺,也就是如今的麦加大清真寺。

由于人们尊敬易卜拉欣,所以清真寺一建成就吸引了无数信徒前往朝拜,可以说,没有易卜拉欣,就不会有这座清真寺的存在了。

麦加大清真寺档案

建造时间:公元前18世纪。

别名:因寺内禁止凶杀、抢劫、械斗,所以又被称为"禁寺"。

面积:18万平方米。

容纳人数:50万穆斯林。

围墙:西北长166米,东南长近170米,东北近110米,西南约111米。

主要结构:有25道大门和7座高92米的尖塔,6道小门和24米高的围墙将大门和尖塔连接了起来。

附加建筑:克尔白,意思为"方形圣殿",位于清真寺中央偏南方,高14米,终年用黑丝绸帷幔蒙罩,帷幔的中部和顶部用金银线绣着《古兰经》。殿外置有一块长约30厘米的红褐色陨石,即有名的"玄石",另有易卜拉欣留下的脚印。

朝拜时间:每年伊斯兰教的十二月,信仰伊斯兰教的穆斯林都会从世界各地来到麦加大清真寺进行觐见。

孟农神像为什么半夜会唱歌？

公元前1350年,埃及法老阿蒙霍特普三世为自己修建了两座高达20米的巨大石像,石像的原型是希腊神话中的英雄孟农,法老希望孟农石像能够保卫底比斯城,让埃及永远强大下去。

这两座孟农石像被放置在阿蒙霍特普三世的神殿前,高大威猛,让每一个看到它们的人都心怀敬畏。

后来,法老过世了,相传在临死前,他曾来到石像旁向孟农许愿:"古希腊的英雄啊!请用你那强大的力量庇护我,直到永远吧!"

再往后,神奇的事情就发生了。

某一天,一个祭司正要进入法老的神殿,殿前的孟农石像竟然开口讲起话来:"邪恶的人,快走开!"

祭司被吓了一跳,他四处张望,发现并没有人在周围啊!

于是,他平静了一下情绪,想继续往殿里走去。

黎明女神厄俄斯提着的尸身正是其儿子孟农

这时,更加洪亮的声音响起来,震得他耳朵里嗡嗡作响:"休再前进一步,否则别怪我不客气!"

祭司以为自己遇见鬼了,吓得大叫一声,夺路而逃。

从此,这个祭司就疯了,整天说着胡话,而从他的言语中人们得知,原来他当日去神殿是想偷东西,好偿还自己所欠下的赌债。

整个埃及这才知道孟农神像会说话,不由得对石像敬仰万分,人们时常给石像进献贡品,祈求孟农的保护。

不过,埃及以外的国家可不知道这个事情,在几年以后,一群来自中亚的盗贼潜入埃及,密谋做一笔大"买卖"。

他们一路偷盗,来到了阿蒙霍特普三世的神殿前,当他们想进入神殿时,石像果然又出声喝止。

没想到那群小偷"艺高人胆大",在搜寻一番没有找到外人后,竟以为是有人在故作玄虚罢了,就又想往神殿里走。

忽然间,地面裂开一道裂缝,无数的沙漠毒蝎翘着带毒针的尾巴,一窝蜂地从地下钻出来,黑压压地向着盗贼们扑过去。

盗贼们再不敢想什么金银珠宝,他们扔下工具,尖叫着向远处逃命,可惜还是没能躲避得了毒蝎的惩罚,最终都倒在神殿的广场上。

第二天,守护神殿的人发现了小偷们的尸体,连忙向法老通报,法老感叹道:"都是孟农的守卫,才让恶人得到了惩罚啊!"

从此,人们更加崇拜孟农神像,他们相信孟农的灵魂已经附在石像上,与石像合二为一。

每当夜幕降临,徘徊在孟农石像旁的百姓们仍旧不愿离去,他们唱起了歌,歌颂孟农的丰功伟绩。

也许是受到人们的感召,几百年后,一位希腊地理学家半夜经过孟农石像边时,他竟听到了悦耳的歌声。

地理学家欣喜不已,连忙侧耳倾听,回去后,他写了一本《埃及旅行指南》,告诉人们:孟农石像不但会说话,还会哼唱歌曲,而那曲调居然和吉他断弦的声音极为相似。

其实真实原因是,公元前 27 年,埃及爆发了一场 6.3 级的大地震,孟农石像自腰部以上出现了裂缝,每当风吹过时,石像就会发出声音,所以才有"唱歌"之说。

可惜的是,到了古罗马统治时期,皇帝命人对石像进行了修复,裂缝也被修补完整,从此人们再无缘听见孟农的"歌声"了。

孟农石像

扫一扫
获得孟农石像
档案

建造阿布辛贝神庙仅仅是为了秀恩爱？

人们常说"秀恩爱，死得快"，可是古埃及的一位法老却不信这个邪，他偏要让世人知道自己与妻子的深情，为此还不惜在自己的神庙里画满了与妻子恩爱的壁画，真是让无数女人羡慕至极啊！

拉美西斯二世狩猎图

奈菲尔塔利

这位"爱妻达人"就是拉美西斯二世，而他的妻子就是著名的埃及皇后奈菲尔塔利，也是唯一一位死后被尊为丰饶女神的女人。

拉美西斯二世在未登上王位前就娶了奈菲尔塔利，据说这位皇后是底比斯王族的后裔，所以两人的结合受到了埃及皇室的一片好评。

拉美西斯二世的运气不错，他发现这桩包办婚姻让自己找到了真爱，奈菲尔塔利就是他心仪的女神。

奈菲尔塔利受宠爱的原因之一在于她是个非常漂亮的女人，有着即使到了四十多岁也依旧光滑柔软的皮肤。

在婚后不久，拉美西斯二世听说妻子极喜欢蓝莲花，为了讨妻子欢心，就派人修建了一座莲花池，池里种满了蓝莲花。

奈菲尔塔利果然欣喜万分，在夏天的时候，她经常在傍晚时分去赏莲，因为蓝莲花傍晚才会徐徐绽放。

奈菲尔塔利还命侍女将蓝莲花花瓣捣碎，制成精油，然后每日涂抹。

时间一久，她惊喜地发现自己的皮肤竟然越发富有弹性，而且胸部也变得更加坚挺，于是，聪明的皇后每天都会用浸了蓝莲花汁液的亚麻长巾包裹胸部，以保持自己的好身材。

除了长得美，奈菲尔塔利的性格也好。

她是个温柔的女人，能够和颜悦色地与每一个人交谈，不只是法老喜欢她，任何一个见过她的男人都会为她倾倒。

拉美西斯二世与妻子形影不离，他们一起携手出席各种活动，有时候法老无暇主持仪式，皇后就代为管理，她的出现往往能引发一片喝彩之声。

这些亲昵的画面都被拉美西斯二世绘在了他的陵墓里，法老毫不掩饰对妻子的爱意，甚至还在陵墓的石碑上写下这样的文字：我的爱是唯一的，没有人可以取代她，她是这个世界上最美丽的女人，当她从我身边经过，就已经偷走了我的心！

这真的是在无节制地秀恩爱啊！真让人怀疑拉美西斯建陵寝的目的不是埋葬自己，而是表达自己对皇后的钟爱。

埃及法老在有生之年都会为自己修建陵寝，拉美西斯二世也不例外，他在阿布辛贝修了两座石窟庙，一座较大，是自己的神殿；一座较小，属于皇后，尽管如此，奈菲尔塔利皇后的神殿依旧是历代七十多位王后中最壮观、最漂亮的一座陵寝。

阿布辛贝神庙入口

可惜的是，上天嫉妒神仙美眷，让奈菲尔塔利在不到五十岁时就离开了人世，拉美西斯二世悲痛万分，尽管他后来又陆续娶了七位妻子，但奈菲尔塔利在他心中的分量始终不曾减少。

就在奈菲尔塔利的神殿前，立着化身为哈托尔女神的奈菲尔塔利雕像，旁边则是拉美西斯二世的雕像，两座石像高度相等、并肩排列，这在埃及历史上是绝无仅有的。

奈菲尔塔里是幸运的,虽然过早离开人世,却得到了这个世间绝大多数女人想要的爱情、地位和荣耀。

阿布辛贝神庙档案

建造时间:公元前 1300 年—公元前 1233 年。

发现时间:公元 1813 年。

得名:当年是一个名叫阿布辛贝的埃及小男孩带领大家发现了神庙,神庙因此而得名。

所属:努比亚遗址。

地理位置:阿斯旺纳赛尔湖西岸。

搬迁事件:20 世纪中叶,埃及政府欲建立一座阿斯旺大坝,为避免阿布辛贝神庙在内的努比亚遗址遭到洪水吞噬,公元 1964—1968 年,政府对神庙进行了搬迁工作,并于 1968 年将神庙重新开放。

遗憾:神庙原先有两次太阳节奇观,即阳光能在每年的 2 月 21 日和 10 月 21 日穿过神庙 60 多米长的甬道,照射在神庙最内部的拉美西斯二世雕像上。搬迁后,由于现代人对天文知识的掌握不够,致使日照时间每年都要延后一天,因此太阳节只能在每年的 2 月 22 日和 10 月 22 日举行。

巴比伦空中花园如何将花朵种在屋顶上?

在古代世界,有七座建筑令人惊奇,被合称为世界七大奇迹。

这几个奇迹中,有一座建筑最为美丽,因为它的上面种满了鲜花,远远望去如同一座美丽的花园,那就是巴比伦空中花园。

巴比伦位于幼发拉底河和底格里斯河之间,属于一望无际的平原,巴比伦人若想开辟花园,直接在平原上种花不就行了,何必要大费周章把花圃建立在空中呢?

原来,这一切都是为了爱情。

在2500多年前,巴比伦国王尼布甲尼撒二世迎娶了一位美丽的波斯公主塞米拉米斯,公主又温柔又娇美,让国王十分喜爱,尼布甲尼撒因此经常与公主厮守在一起。

慢慢地,公主不爱笑了,还总是愁容满面,国王见状很是心疼,他关切地抓着公主的手,问道:"爱妃,你有什么难处,尽管告诉我,我一定帮你!"

公主叹了一口气,这才告诉国王原委:"我的家乡遍布着层峦叠嶂的山岭,而且山上还开满了色彩缤纷的鲜花,每当微风吹过,阵阵花香袭来,那情景不知有多诱人!可是我到了这里,发现除了平原,连个小山丘都没有!我好怀念故乡啊!"

国王这才明白,公主是得了思乡病啊!

既然知道了情况,就可以对症下药了,国王想了好几天,决定仿照山峰的样子造一座巨大的御花园,于是他找来能工巧匠,命令他们一定要建一座比宫墙还高的花园。

匠人们不敢怠慢,连忙研究对策,过了一段时间,一座层层叠叠的阶梯形花园在皇宫里出现了,花园中不仅有各种奇花异草,还有幽静的"山间"小道,更有潺潺的溪水在流淌,仿若处于一座山中。

更奇妙的是,匠人们还在花园的中央修筑了一座专供公主休憩的城楼,公主可以在楼上悠闲地赏花,还可以在花香中甜甜地睡去,因此这个设计让她非常惊喜。

由于有了花园,公主的笑容变多了,她又恢复了以往的活泼模样,国王很高兴,重重地赏赐了建造花园的匠人。

这座花园比皇宫的宫墙要高出很多,就像挂在空中一样,即便人们离巴比伦城很远,也依旧能欣赏到它的美丽身影,于是大家都给花园取了个诗意的名字——空中花园。

700 多年后,希腊学者对世界知名建筑和雕塑展开了一次品评大会,他们一致认为:古巴比伦的空中花园应该位列"世界七大奇观"之一。

从此,空中花园扬名海内外,即便它早已不复存在,其盛名也一直留存至今。

那么,空中花园又是如何将花朵种在"空中"的呢?

19 世纪末,德国考古学家在发掘古巴比伦城时,无意中在宫城东北角挖出了一个特别巨大的建筑物,该建筑中有两排小屋,每个屋子只有 6.6 平方米大,另外在小屋的旁边还有三口水井,一个呈正方形,另两个是椭圆形。

17 世纪欧洲人对巴比伦所描绘的想象图

科学家推测,这个建筑正是空中花园,当年古巴比伦人用土铺在呈对称分布的两排小屋的屋顶上,然后再砌上砖石,用石柱和石板层层加高,便有了挂在空中的御花园。

可见当时的建筑技术很精湛,因为花园要承受的压力是巨大的。

空中花园档案

建造时间:公元前 6 世纪。

别名:悬园。

周长:500 多米。

面积:1 260 平方米。

层数:3 层。

园墙:最宽 7.1 米。

园门:伊斯塔尔门,双重,高 12 米。

地理位置:巴比伦以北 300 英里之外的尼尼微。

灌溉:有三口水井,奴隶需要不停地压水井才能出水,由于所有建筑在吃水后都会下沉,空中花园的每一层都要铺上浸透柏油的柳条垫,垫上加铺两层砖,砖上再浇注一层铅,然后铺土,才能防止渗水的情况。

地位:世界八大奇迹之一。

亚历山大灯塔为何名气能超过金字塔？

在建筑史上，有一个闻名遐迩的"世界七大奇迹"，埃及金字塔是其中之一，也是最古老、最宏伟的建筑。

没想到一山更比一山高，在 2000 年后，一座比金字塔"瘦弱"很多的巨大灯塔取代了前者在人们心目中的神圣位置，成为新一届建筑明星。

它就是矗立在亚历山大港口的亚历山大灯塔。自从灯塔建成之日起，人们对它的兴趣就超过了金字塔，以至于大家一提起埃及，第一个想到的就是它，而不再是金字塔。

亚历山大灯塔

这是为什么呢？

原因有三：

第一，它能为在海上航行的人提供帮助。

公元前 281 年的一个秋夜，一艘豪华的皇室迎亲船正欢天喜地地向着港口驶去，船上载满了埃及的皇亲国戚，而在船中的贵宾舱内，则坐着一位娇羞的欧洲新娘，她将要成为埃及最尊贵的女人。

没想到，就在船上的人们饮酒庆祝之时，船体忽然剧烈地震荡起来，很多人猝不及防，当场从甲板上被甩入了冰冷的大海中。

剩下的人则尖叫不已，大家还不明白到底发生了什么事。

待船停止晃动后,更可怕的事情发生了:船体已经被礁石撞出了一个大洞,正在加速沉入海底。

最终,所有人都葬身大海,无一生还。

此事震惊埃及朝野,国王托勒密一世叹息道:"要是港口有座灯塔就好了!"

不久后,托勒密一世的儿子托勒密二世登台,建灯塔的任务正式开动,在经过了11年的修建后,一座雄伟的灯塔终于竖立在离法洛斯岛七米处的一处礁石上。

中世纪绘制的亚历山大灯塔想象图

从此以后,船员们再也不怕在夜晚航行了,灯塔就像巨人的火炬,无私地为人们服务,且不具备任何宗教性质。

第二,它的建造者很神奇。

当时托勒密二世命埃及最伟大的建筑师索斯特拉特建灯塔,然而,皇帝却不准索斯特拉特将他的名字刻在灯塔上,理由是:"你已经够有名气了,就不必再多此一举了!"

建筑师当然很不甘心,他花费十一年时间,离乡背井,在恶浪滔天的海岸上修塔,成功后居然还不能刻上自己的名字,这实在是太痛苦了!

可是他又不能违抗国王的命令,该怎么办呢?

聪明的建筑师想了一个好办法,他在塔底基座的石碑上刻下自己的姓名,并详细记载了建造灯塔所克服的种种困难。

然后,他在石碑外面涂上了一层厚厚的水泥,将自己的名字和事迹完全掩盖,又在水泥上刻下托勒密二世的名字,这样一来,国王开心,他自己也能暗中欢喜。

几百年后,海浪将石碑上的水泥一层层地打落,索斯特拉特的名字终于显露出来,成为人们热议的话题。

第三,灯塔创造了多个奇迹。

亚历山大灯塔是当时除金字塔外最高的建筑,而且它的根基没有金字塔那么粗壮,却依旧可以屹立千年,实在令人惊叹。

另一点值得称赞的是,灯塔的火焰日夜不熄地燃烧了近千年,直到公元 641 年阿拉伯伊斯兰大军征服埃及,火焰才熄灭,以后的灯塔从未创造过如此漫长的纪录。

后来,在地震的数度破坏下,亚历山大灯塔遭到了毁灭性的打击,最终荡然无存,不过它是除了金字塔外,七大奇迹中最后一个消失的建筑。

亚历山大灯塔档案

建造时间:公元前 281 年—公元前 270 年。

消失时间:公元 641 年。

高度:塔基高 15 米,塔身 120 米,总高度 135 米。

层数:3 层。

面积:930 平方米。

材料:花岗石和铜等。

塔基:有 50 多个房间,可住宿、办公和研究天象。

塔身:最上层为圆形结构,用 8 根 8 米高的石柱搭建成灯楼,燃料是橄榄油;中间一层是八角形结构,用来输送燃料;最下层是房型结构,有 300 多个房间,可用作燃料库、机房和工作人员的房间。

整体结构:下宽上窄,内部有通往塔顶的螺旋式上升斜梯,在中层和上层的斜梯分别筑有 32 个和 18 个台阶。

影响:埃及早期伊斯兰教的很多清真寺都以灯塔的三层式结构为原型修建。

亚历山大缪斯神庙是不是最早的博物馆？

世界上有很多博物馆，其中一些享有盛名，比如大英博物馆。

字典上对博物馆的定义是，它是一种非营利性的永久机构，而且对全体公众开放，可想而知，一旦哪个国家拥有博物馆，就意味着该国的文明已经上升到了一定的层次。

那么，全球最早的博物馆是哪家呢？

在公元前 4 世纪，马其顿出现了一位年轻有为、野心勃勃的皇帝，他就是亚历山大大帝。

查理·勒布伦的名画《亚历山大与波罗斯》

亚历山大立志将国土东扩到亚洲，于是他一路东进，所到之处，无不臣服于他脚下，因而他也缴获了大量的战利品。

有些人生来就是奋斗，而不是享受的，亚历山大只对胜利感兴趣，面对这些战利品，他一点兴趣都没有，就将这些异国的奇珍异宝都交给了他的老师，也就是古希腊博物学家亚里士多德保管。

亚里士多德兢兢业业，对皇帝收集来的珍宝细心地进行分类和整理，倒是没想过要贪污，因为他好歹也娶了一个小国的公主为妻，不缺钱。

正当亚历山大踌躇满志，将波斯帝国一举消灭，想远征印度时，情况发生了变化，战士们都不想打仗了，而亚历山大也发起了高烧，最终病死在巴比伦。

亚历山大一死，埃及总督托勒密立即在埃及称帝，并在公元前 290 年前后宣布在亚历山大城建立一座缪斯神庙。

"缪斯"是古希腊掌管文艺和科学的九位女神,所以缪斯神庙的功用不言而喻,就是存放珍贵艺术品和稀有古物的场所。

这座博物馆设有专门的大厅和研究室,用于陈列天文、医学和文化艺术收藏品。

托勒密一世还花重金聘请了很多专家学者来缪斯神庙做研究,如大名鼎鼎的数学家欧几里得、物理学家阿基米德等,所以与一般的博物馆相比,缪斯神庙其实更像是一座研究院。

阿波罗与缪斯女神们

但无论如何,缪斯神庙是世界上第一家真正属于公众的建筑物,所以受到了埃及人的热烈欢迎,人们可以在里面欣赏到各种雕塑、天文仪器、医疗器具,还能辨别各种动植物,并能去神庙旁边的修道院净化心灵。

因为,缪斯神庙作为历史上第一家博物馆的概念早已深入人心,以至于如今英语中的"博物馆"一词,也由希腊语的"缪斯"演变而来。

到了公元 5 世纪,缪斯神庙不幸毁于战火,至今仅有一些残破的高墙和门柱残存,不过它仍旧发挥着积极意义,正是有了它,西方历代的王公贵族和富翁学者才兴起了收集古物的爱好。

到了中世纪,随着教会势力的增强,那些私人收藏家将自己收藏的很多文物都捐给了教堂和修道院,因此演变出更多的博物馆,为人类历史留下了珍贵的遗产。

描述 17 世纪绘画交易的画作

扫一扫
获得缪斯神庙档案

罗马竞技场为什么会衰落?

在罗马时代,社会从上到下都以暴力为美,不仅帝王贵族喜欢看角斗,平民们也对血腥的厮杀充满了兴趣。

公元72年,罗马皇帝韦斯巴芗征服了伊斯兰教的圣城耶路撒冷,他洋洋得意,准备修一座巨大的斗兽场来庆祝胜利。

于是,他将战争中所俘获的奴隶全部卖给了罗马贵族,获得了巨额的收入,然后他花了大钱聘请国内最好的一批设计师和工程师来建造竞技场,并且提出了两点要求:又快又好。

建造者们不负众望,很快将原本属于暴君尼罗的豪华金色宫殿的人工湖填平,盖起了一座四层高的宏伟建筑,这就是罗马竞技场,也是当时罗马最大的圆形竞技场。

竞技场内,更多的时候是角斗士之间的战斗,或者猛兽与奴隶之间的厮杀。若两个角斗士分出了高下,失败者还得乞求观众们网开一面,如果看客们挥舞手巾,他就能捡回一命,可是若看客们拇指向下,那他必死无疑。

这项残酷的竞技应该是除了角斗士以外,所有人都欢迎的运动了,大家为阳光下如钻石般璀璨的汗珠而着迷,为抛洒在空中如喷泉般的鲜血而呐喊,他们只会跟着热血沸腾,却忘了竞技场上的角斗士们有多痛苦。

只有一位名叫特勒马库斯的年轻修士震惊不已,他决心要阻止竞技场上的暴力。

特勒马库斯并非罗马人,而是住在土耳其的一个小城市。

有一天,他正在祈祷,突然听到天上有个声音在对他说:"快去罗马,去阻止这一切吧!"

他吃了一惊,觉得是上帝在交给他一项重要的任务,于是他立刻收拾好行李,来到了罗马。

就在特勒马库斯进入罗马的当天,罗马竞技场里正好来了新的角斗士,观众们兴趣高涨,几乎每个人都去看角斗,结果城市里万人空巷,好不热闹。

特勒马库斯被人流簇拥着,不自觉地来到了罗马竞技场里。

一开始,他并不知人们为何而激动,但当他看到广场中央有两个穿着盔甲的人

在名画《三头联盟的屠杀》中，可以看出罗马城的一些著名景点，中间的竞技场，竞技场后面的万神殿和方尖碑，古罗马广场左前面的图拉真记功柱，君士坦丁凯旋门和提图斯凯旋门，还有右边的马克奥里略青铜骑马像，然后就是无处不在的杀戮场景

在挥剑相向时，他惊讶极了。

由于新来的角斗士太厉害，老角斗士用尽了力气，被刺得倒地不起，这时裁判让观众们判定失败者的结局。

观众们毫不怜惜地将拇指向下，要胜利者杀死对方。

结果，输者血溅当场。

"不！"特勒马库斯惊呼一声，他冲下看台，想去阻止杀戮。

此时，新一轮的竞技又将开始，两名新的角斗士缓缓出场，各自扬起剑向人们示意。

年轻的修士却一下子冲到广场上，大声对着观众喊："以基督的名义，停止杀戮吧！"

他连喊三声，让在场的观众惊愕不已。

罗马皇帝大怒，命令角斗士立刻将这个冒失鬼斩杀。

于是，角斗士挥舞着长剑，一下子将特勒马库斯砍倒在血泊中。

观众们突然沉寂下来，因为这次死的不是奴隶，而是一个平民，他们猛然间有了切肤之痛，开始质疑起竞技的残酷性。

一位观众悄然离席，紧接着，更多的观众黯然离去，当天的竞技场只进行了一半就结束了，这是从未有过的事情。

　　三天后,罗马皇帝颁布禁令,宣布从此停止残忍的角斗游戏,罗马竞技场并非因为战争或者地震,而是由于一个基督徒的牺牲而没落,这真的是一个奇迹啊!

罗马竞技场

罗马竞技场档案

建造时间:公元72—82年。

外部轮廓:长轴187米,短轴155米,高度57米,周长527米。

拱门:80个,均在第一层。

容纳人数:约9万人。

所用石料:10万立方米石灰华。

中央表演区:长轴86米,短轴54米,地面铺有地板。

看台分区:看台约有60排,分为5个区,最下面前排是贵宾(如元老、长官、祭司等)区,第二层供贵族使用,第三区是给富人使用的,第四区由普通公民使用,最后一区则是给底层妇女使用,全部是站席。

艺术成就:竞技场围墙有四层,自下往上的三层有柱式装饰,依次为多立克式、爱奥尼式和科林斯式,是古代雅典常见的三种柱式。

特点:

1. 座位严格按照等级划分,对罗马上层保护严密。

2. 顶部排列着240个中空的突起部分,可安插木棍,用来撑起帆布,从而发挥遮阳和避雨的功能。

3. 拥有160个出口,据说只需10分钟,9万名观众就能被清空。

遗憾:由于地震,罗马竞技场的部分被震塌,但建筑的大部分保存完整。

圣索非亚大教堂为何同时信奉两种宗教？

再也没有一座建筑能像土耳其伊斯坦布尔的圣索非亚大教堂这样命途多舛的了。

它不断地被兴建，然后遭受致命破坏，然后再重建，更要命的是，作为一个宗教建筑，它还得不断被迫更改信仰。

到如今，圣索非亚大教堂成为全球唯一一个同时信仰天主教和伊斯兰教的教堂，这是怎么回事呢？

在 1 600 多年前，土耳其正处于君士坦丁一世统治时期，高高在上的帝王要为皇室建造一座大教堂，于是圣索非亚大教堂的前身——"大教堂"便诞生了。

圣索非亚大教堂原建筑的一部分

后来教堂的牧首因与皇后发生了争执而被流放，但牧首的支持者却不甘心，将大教堂毁坏，结果大教堂彻底报废。

随后，教堂虽然经过重修，却又毁于火灾，真是多灾多难。

直到公元 532 年，查士丁尼一世发誓要在大教堂的遗址上建一座更壮观的教堂，于是他征集了超过 1 万人来参与教堂的修建工作。

整个拜占庭帝国都感受到了新教堂的庄严气息，人们立刻在心中升腾起对教堂的无限崇敬之情，同时也纷纷祈祷，希望教堂能尽早竣工。

这座新教堂就是圣索非亚大教堂，为修建它，人们花了近 5 年的时间，然而，为了装饰好教堂内部的镶嵌画,画匠们则又花了 30 年的光阴。此时,圣索非亚大教堂还是信奉基督教的,确切地说应该是东正教,即基督教的一个分支,因为拜占庭帝国其实就是东罗马帝国,是罗马人的统治范围,所以上帝是当时土耳其百姓的最高神明。

公元 700 年后,欧洲进行了第四次十字军东征,圣索非亚大教堂被拉丁帝国占领,教堂里的很多圣物被掠夺至西方,成为拜占庭帝国的一大损失。

在这一时期,圣索非亚大教堂信奉了天主教,第一次十字军东征的首领鲍德温一世还在教堂里加冕为王,不过几十年后,拜占庭人又重新夺回了君士坦丁堡的主权,圣索非亚大教堂又重新信仰基督教。

圣索非亚大教堂西南大门马赛克中的查士丁尼一世和君士
坦丁一世(圣母的右边)伴在圣母和圣婴两侧

那到底是从何时起,教堂信奉起伊斯兰教的呢?

公元 1453 年,奥斯曼土耳其人征服了君士坦丁堡,圣索非亚大教堂被穆罕默德二世改成了清真寺。

过了 100 年,清真寺已经非常破旧,门窗都在摇摇欲坠了。

为了使清真寺稳固起来,人类历史上第一个地震工程师科查·米马尔·希南在寺外加筑了四座高大的尖塔,阿拉伯语称为"叫拜楼",使得清真寺拥有了明显的伊斯兰教特征。

从公元 1739 年开始,统治君士坦丁堡的多位苏丹陆续对清真寺进行了复修,其中公元 1847 年至 1849 年这两年的维修最为著名。

当时的苏丹让建筑师将清真寺内外的欧式装潢进行了极大的更改,那些描绘基督与圣徒的镶嵌画都被擦掉,取而代之的,是巨大的圆框雕饰。

于是,在整个 19 世纪至 20 世纪上半叶,圣索非亚大教堂一直以"清真寺"名义而存在,尽管它仍旧存在着教堂的结构,但里面供奉的主神却成了阿拉。

直到公元 1935 年,形势才突然扭转。

当年,土耳其将圣索非亚大教堂辟为了一座博物馆,那些覆盖住基督教镶嵌画的石膏被专家仔细地擦掉,地面上的基督教饰品也重新得到展示。

由于教堂已经成为一个公立性的建筑,所以曾经供奉在教堂里的神明们也都得到了大家的尊重,共同存在于教堂里,每日被祂们的信徒们敬仰,接受着祷告和崇拜。

圣索非亚大教堂

圣索非亚大教堂档案

建造时间:公元 532—537 年。

所用黄金:32 万两。

东西长度:77 米。

南北长度:71 米。

外形:四根尖塔在教堂的四端,教堂顶部是巴西利卡式的穹顶,穹顶离地 54.8 米,直径 32.6 米,底部密集地排列一圈 40 个窗洞。

内饰:彩色大理石砖、五彩缤纷的马赛克镶嵌画及各种雕塑。

地位:拜占庭式建筑的杰作、世界上唯一一座由神庙改建为教堂,并由教堂改建为清真寺的建筑。

圣墓教堂埋葬的是不是耶稣本人？

公元元年，西方世界的神明耶稣诞生了，他从小就知道自己的使命，于是在12岁那年去了耶路撒冷，从此这座城市便与上帝结下了不解之缘。

后来，有恶人嫉妒耶稣的号召力，就想加害于他，耶稣早已知晓，却没有恐慌，而是平静地接受着一切。

于是权贵们抓住了耶稣，将他钉在十字架上，耶稣就这样被迫害而死。

噩耗传来，耶稣的信徒们都悲痛万分，一位名叫约瑟夫的贵族表示愿意将自己的墓地免费捐赠给耶稣。

这块墓地叫圣墓，地点在耶路撒冷。

其实，圣墓只是一个不足两米宽的石洞，不过用以存放耶稣的棺椁已经足够了。

耶稣被钉死的当天晚上，约瑟夫将耶稣的尸体从十字架上取了下来，放到马车上，带到自己新凿的坟墓里面。他用净水将耶稣的尸身擦拭干净，裹上干净的细麻布，然后用大石头封住墓穴口。

从加利利来的几个妇女守护着耶稣的尸身，她们尾随约瑟夫，看到耶稣被安葬后就回去了，准备安息日一过，就用香膏和香料膏涂抹耶稣的身体。

耶稣受难

第二天，祭司长和法利赛人找到了彼拉多说道："我们记得耶稣生前，说过我死三日后一定复活。我们害怕门徒玩鬼把戏，到了第三天将他的尸体偷走，谎称耶稣复活。要是这样，崇拜他的人或许就更多了。因此我们建议派人看守耶稣坟墓。"得到彼拉多的同意后，他们就带着士兵，来到耶稣墓，用大石重新封住了墓穴口，墓穴口加上封条，用石灰堵住，然后派人在那里看守。

安息日一过，也就是耶稣被钉死的第三天，一大早，抹大拉的马利亚和雅各布的母亲玛利亚带着香料和香膏来到耶稣墓前。

突然大地震动，天使从天而降，形貌如闪电，衣服洁白如雪。祂们将墓穴的石头掀开，坐在上面。看守墓穴的士兵吓得浑身哆嗦，脸色惨白如同死人。

耶稣复活

天使对两位妇女说："你们不要害怕，我知道你们前来寻找钉在十字架上的我主耶稣。他已经不在这里了，按照之前的预言，已经复活了。请你们去告诉门徒，让他们前往加利利，在那里可以看到我主。"

抹大拉的马利亚和雅各布的母亲玛利亚看了看空荡荡的坟墓，心里既惶恐，又欢喜，她们急急行走，跑去要给门徒报信，半路上遇见了复活的耶稣，耶稣说道："愿你们平安。"

两人匍匐在地，抱住耶稣的脚。

耶稣对她们说："你们不要害怕，快去告诉我的兄弟们，在加利利可以见到我。"

抹大拉的马利亚和雅各布的母亲玛利亚回去后，将耶稣复活的消息告诉了耶稣的门徒。

彼得不信，赶往耶稣墓中去看，但见包裹耶稣尸体的麻布完好，里面的尸体不见了，这才相信，耶稣基督真的复活了。

耶稣复活，而圣墓也因此出了名，让很多人想找到它的具体位置。

4 世纪初，拜占庭帝国的君士坦丁大帝派自己的母亲海伦娜前往各地查探圣迹，因为他已经信仰基督教。

当海伦娜来到耶路撒冷后，她在哈德良时期修建的一座爱神阿佛洛狄忒神庙中发现了耶稣受难的十字架，遂认为自己发现了耶稣的墓地。

海伦娜下令将神庙改造成一座教堂，于是便有了如今的圣墓教堂。

扫一扫
获得圣墓教堂
档案

圣墓教堂是全世界基督教最有名的教堂，因为它的内部有着耶稣的墓地，不过这墓地是否真的曾埋葬过耶稣，我们也只能听海伦娜的一面之词了。

帕斯帕提纳神庙怎么会有火葬场？

在古时候，尼泊尔是印度的一部分，当印度教开始萌芽后，佛教的影响力就锐减，最后完全被前者取代了。

在尼泊尔首都加德满都，有一座当地最大的印度教神庙，它就是著名的帕斯帕提纳神庙。

湿婆大神

没有人知道神庙究竟是哪一年建立的，但印度教的三大主神之一湿婆，却与它有着莫大的关系。

湿婆是个叛逆的神，祂长年居住在冈仁波齐峰的宫殿中，天长日久，就觉得厌烦，想去外面的山谷定居。

祂化身为帕斯帕提，也就是众生之主，在一处谷底隐居，可是不久以后，其他的神发现了湿婆的踪迹，就都跑过来对祂说："湿婆神啊，您是天地间的神明，要谨守自己的本分啊！请跟我们回天上去吧！"

湿婆神很厌烦，不想再听那些神碎碎念，祂摇身一变，变成一只雄壮的梅花鹿，从众神的视线里飞速地溜走了。

众神没有办法，只好去求另一个主神——毗湿奴。

毗湿奴十大化身

毗湿奴有着无比的神力,很快就追赶上了雄鹿的脚步,只见祂伸出双手,那手臂便如两根巨大的铁柱,从蔚蓝的天空中风驰电掣地压下来。

毗湿奴又张开双手,那手掌就如同两座大山,其雄伟之姿丝毫不比珠穆朗玛峰逊色。

雄鹿头上的犄角瞬间就被毗湿奴的手抓住了,毗湿奴一用力,鹿角裂成了碎片,湿婆神又重新恢复了神的身体,但祂没有在原地逗留,而是再度溜走了,如同狂风卷走一根羽毛般轻盈。

毗湿奴为了让湿婆记住这次教训,就用碎鹿角做成了林伽,然后在巴格马蒂河畔上建了一座寺庙,这就是帕斯帕提纳神庙的前身。

湿婆很不高兴,祂可不想让人们知道该寺是自己战败的耻辱,于是祂催动神力,加速寺庙的崩塌,并扬起漫天的黄沙,让尘土逐渐掩埋寺庙的墙身。

帕斯帕提纳神庙

几十年后,帕斯帕提纳神庙成功被埋葬在土堆之下,没有人能知道它的存在。

有一天,一个牧人赶着他的几头乳牛来吃草,正巧站到了寺庙的废墟之上。毗湿奴念动咒语,一头乳牛的奶就接连不断地洒在了荒土上。

　　牧人发现后很心疼,赶紧给牛接奶,这时,他发现被牛奶打湿的地面露出了一截房檐,不禁好奇起来,试着在土里挖掘,结果发现了传说中的圣物——鹿角林伽。

　　于是,人们便在废墟上又建起了一座新寺。

　　湿婆很恼火,又想毁寺,毗湿奴就托梦给人们,告诉大家不仅要在帕斯帕提纳神庙供奉湿婆神,还要在寺庙里火化死者的尸体,再将焚化后的灰烬倒入巴格马蒂河中,这样死者的灵魂才会彻底与肉体分离,然后渡过恒河升入天上。这样一来,帕斯帕提纳神庙就成了神圣的地方,湿婆也就不敢毁灭它了。百姓们谨遵毗湿奴的指示,果真在庙中开辟了火葬场,结果湿婆只好作罢,而帕斯帕提纳神庙作为尼泊尔人的火葬场,便存在了一千多年,至今它仍是融朝拜与火化于一体的神奇寺庙。

帕斯帕提纳庙档案

建造时间:公元 4 世纪。

别名:烧尸庙。

面积:2.6 平方公里。

门票:1 000 卢比,但所有殿堂不准非印度教徒进入。

结构:主体建筑都是方形结构,呈对称分布,屋顶是铜质双重檐,表面镀金,寺内高塔的塔顶也镀了金。

大门:四个,门上镀满银片,门外有 1.8 米高的湿婆石像和湿婆的坐骑公牛南迪的镀金雕像。

地理位置:位于加德满都东郊 5 公里的巴格马蒂河河畔。

火葬场:6 座,上游 2 座曾是皇室与贵族专用,费用较贵;下游 4 座为平民而设,大约需花费 5 000 卢比,其中的阿里雅火葬台是尼泊尔最大的火葬场。

火葬过程:

1. 死者的长子先去河边清洁剃头,仅在头上留一小撮头发。

2. 将尸体裹上白布,再铺上鲜花,然后在死者身下加上木柴,家人围着死者绕圈祈祷,随后点火。

3. 焚烧后的骨灰被撒入寺外的巴格马蒂河中。

地位:加德满都最古老的印度教寺庙、印度教中供奉湿婆的最神圣的寺庙。

圣岩金顶清真寺的屋顶为什么是金色的?

在圣城耶路撒冷,有一座非常特别的建筑,它能在晴朗的天气里瞬间吸引所有人的目光。因为它那金色的圆顶实在是太夺目了,即便离它很远,在街上行走的人们也无法忽视它的存在。

这座建筑名字叫阿克萨清真寺,但人们更愿意称它为"圣岩金顶清真寺",因为它的最大特征就是拥有一个金色的屋顶。

建筑师当年在设计这座清真寺时,为何要给它造一个如此巨大的"金帽子"呢?说起来,这还跟伊斯兰教的先知穆罕默德有关呢!

在6世纪末,阿拉伯半岛麦加城的一个商人家庭诞生了一位男婴,名字叫穆罕默德,他的祖父曾手握权柄,所以他的家族一度富贵荣华。

可惜的是,穆罕默德这个官三代、富二代生不逢时,父亲在他出生前遇到事故,意外死亡,在六岁时,母亲也病逝了,家里顿时一贫如洗,不得不借住在伯父家里。

可是伯父也很穷,为了贴补家用,穆罕默德成了一个牧童。

好在伯父极具冒险精神,时常带着穆罕默德去各地经商,在经过多年的奔走后,穆罕默德学到了基督教和犹太教的很多教义,并增长了丰富的知识,这一切也是他成为一个伟大先知的基础。

后来,他与麦加的富孀赫蒂彻结婚了,他终于不用再为温饱问题而担心,而且也终于有充裕的时间去思考宗教问题了。

他40岁那年,在9月的一个夜晚,他来到郊区的一个山洞里冥想,天使吉卜利勒突然出现在他面前,告诉他:"阿拉授命你成为祂在人间的使者,你需要传播主命,教导人们信奉伊斯兰教。"

接着,天使将《古兰经》传给了他。穆罕默德不辱使命,他以极大的热忱投入传教的事业中,越来越多的人被他感染,成为忠实的伊斯兰教信徒。

可是就在这个时候,麦加的统治者嫉恨起了穆罕默德,认为他是在借伊斯兰教而夺取权力。

于是,权贵们便雇了杀手,要暗杀穆罕默德。

为了躲避迫害,穆罕默德带着信徒逃到了麦地那,与当地的犹太人签订了一个友好协议,即规定穆斯林的祷告方向为犹太人的圣城——耶路撒冷。

在伊斯兰教历 7 月 27 日的一个晚上,天使吉卜利勒又来到了穆罕默德的身边,告诉他:"安拉请你去七重天参观天堂和火狱。"

穆罕默德便与天使一起骑着仙马,飞到了耶路撒冷。

就在他们到达耶路撒冷,并准备落地时,穆罕默德用右脚踏在了一块巨石上,然后飞身一跃,上到了七重天。在那里有古代的先知等着他,而更重要的是,真主阿拉也在等着与他见面。

黎明前,穆罕默德平安地回到了麦地那,他告诉穆斯林,每日应做五次祷告,穆斯林们都激动不已,齐声高呼阿拉的名字。

为了纪念穆罕默德的登天,往后每年的伊斯兰教历 7 月 27 日,穆斯林都会举行登霄节。而穆罕默德在耶路撒冷脚踩的那块石头也成为圣物,人们在石头上建起了一座清真寺,这就是圣岩金顶清真寺的由来。

公元 11 世纪初,这座清真寺增建了具有伊斯兰特色的大圆顶,高高矗立于碧空之下。公元 1994 年由约旦国王侯赛因出资 650 万美元为圆顶覆盖上了 24 公斤纯金箔,使它的金顶彻底名扬天下。

如今,它那金光闪耀的圆顶日复一日地向人们诉说着穆罕默德的丰功伟绩。

圣岩金顶清真寺档案

建造时间:公元 705 年。

毁灭时间:公元 780 年,毁于一场大地震。

重修时间:9 世纪以后进行了多次修复,如今的清真寺多为 11 世纪以后的建筑风格。

别名:阿克萨清真寺,又名远寺,因为"阿克萨"的意思就是"极远"。

圣岩金顶清真寺

高度:88 米。

地理位置:耶路撒冷东区旧城东部沙里夫内院的西南角。

趣闻:伊斯兰教著名学者安萨里任清真寺伊玛目(即领拜人)期间,在寺院的门楼上写完了巨著《信仰的科学》。

遗憾:20 世纪中期,巴以冲突期间,清真寺的外部建筑被拆毁大半,还遭到火烧,损失惨重。

地位:伊斯兰教第三大圣寺。

34 布达拉宫的壁画是如何描绘女婿拜见岳父的？

在圣洁的雪域高原上，有一座驰名中外的建筑，所有到过拉萨的人都会去瞻仰它的神圣容颜，它就是昔日吐蕃国王的宏伟宫殿——布达拉宫。

布达拉宫是松赞干布为唐朝文成公主和尼泊尔的尺尊公主的到来而建，起初是一座大型皇家宫殿，如今这里也供奉着观世音菩萨等佛教圣像，又成为善男信女心中的圣殿。

尺尊公主（左）、松赞干布（中）、文成公主（右）的塑像

然而，有多少人知道，布达拉宫中还藏着一个秘密："爱妻达人"松赞干布居然把拜见岳父大人的故事也绘进了壁画中。

当年，要不是文成公主来西藏，松赞干布也不会修建布达拉宫，而文成公主死后，她所受到的待遇几乎和吐蕃王后相当，足见藏人对她的喜爱，所以布达拉宫的壁画上有关于文成公主的故事也不足为奇了。

那么在壁画上，唐太宗对女婿松赞干布的态度如何呢？

当年，松赞干布派遣求婚使者禄东赞向强大的唐朝求亲，后者带着整车聘礼来到长安，向唐太宗说明了来意。

不巧的是，其他几个藩国也派出了使者，想将美丽贤惠的文成公主娶回国。

唐太宗略一思考，决定要考考这些使者，他给出三道难题，只有全部答对的人才能接公主回国。

《步辇图》是唐朝画家阎立本的名作之一,所绘是禄东赞朝见唐太宗时的场景

　　第一题是判断木头的头和尾。

　　太宗将十根两端粗细相同的木头放在花园里,让大家做出判定。

　　这可让其他使者伤脑筋了,唯独禄东赞不慌不忙,他让人把木头全部平推入水里。

　　由于木头的根部比顶部的密度大,所以木头很快在水中倾斜,于是第一题就被禄东赞顺利解决了。

　　第二题是用细线穿玉。

　　唐太宗取出一块白玉,玉的中央有一条曲折回旋的孔道,唐太宗让使者们用一根金线将玉穿起来。

　　就在其他使者眯细着眼睛,费力往孔里塞线时,禄东赞不慌不忙地将金线系在一只蚂蚁身上,然后将蚂蚁放在小孔的一端,他又在小孔的另一端涂上蜂蜜,这样蚂蚁就卖力地带着线穿过了白玉,任务也就完成了!

　　第三题是分辨小马驹的母亲。

　　太宗将一百匹母马和一只小马驹混在一起,要使者们说出马驹是哪匹母马所生。

　　使者们傻了眼,纷纷摇头:"这也太难了吧!"

　　唯独禄东赞请求道:"尊贵的天可汗,请给我一晚上时间,届时我肯定能给你正确答案!"

　　唐太宗同意了他的请求。

　　于是,禄东赞就把马驹和母马分开关了一晚上。

　　第二天,当他把马放出来后,饿坏了的马驹立刻跑到母亲身边去吃奶,这样答案也就自然揭晓了。

　　唐太宗暗想:这禄东赞真聪明,不妨再考考他!

　　唐太宗便让禄东赞在五百名蒙着头纱的宫女中选出文成公主,并许诺这次如果答对,立刻让公主随吐蕃人回国。

可是禄东赞没有见过文成公主,这该如何是好啊?

好在他得到了密报,说公主喜欢擦一种气味独特的香粉,而蜜蜂特别喜欢这个味道,就在辨认公主的时候偷偷带了几只蜜蜂在身边。

结果,禄东赞借着蜜蜂的指引,顺利将公主认了出来。

唐太宗龙颜大悦,果真让公主出嫁,他还送了很多嫁妆给松赞干布,大大发展了吐蕃的经济实力。

看来,松赞干布将拜见岳父的经历画在自己的住所里,是想告诉世人:只要不得罪岳父大人,好处一定是很多的啊!

布达拉宫档案

建造时间:公元631年。

地理位置:拉萨的红山之上。

海拔:3 700米。

面积:13万平方米。

高度:110米。

壁画:约2 500平方米。

佛塔:近千座。

塑像:上万座。

唐卡:上万幅。

布达拉宫

结构:由东部的白宫和中部的红宫组成,红宫前有一白色高耸的墙面为晒佛台,可用来悬挂大幅佛像挂毯。

房间数:宫殿999间,加上修行室共1 000间,可惜后来被战火损毁很多。

特征:当年红山内外有三重围墙,松赞干布与文成公主的宫殿间有一条银铜合制的金属桥相连;布达拉宫东门外还有松赞干布的跑马场。

重修时间:公元1645年,进行翻修,后经历代扩建,布达拉宫才有如今的规模。

太阳门是不是外层空间之门？

在神秘的拉丁美洲，有一个神秘的内陆国家——玻利维亚，在该国一座位于四千米高原上的神秘城市蒂华纳科城中，有一座号称"世界考古史上最伟大发现之一"的建筑——太阳门。

太阳门，用门外汉的眼光来看，就是一道宽厚的石门，然而，你若知道该城市的气压只有海平面的一半，氧气含量也特别稀少，光是扛着重物走一会儿就会让人气喘吁吁，就能明白造一座百吨以上重量的石门是多么不容易了。

20世纪初，考古学家们发现了这座石门，当他们看到门上雕刻着精美的人形浮雕和飞禽时，无不惊奇不已。

公元 1533 年 8 月 29 九日，萨帕·印卡阿塔瓦尔帕之死，乃是印加帝国被征服的象征

公元 1908 年，太阳门被修复完成，而问题也随之而来：到底是什么人修建了这座石门？修建它的作用又是什么呢？

在太阳门上，除了有各种图像外，还有很多艰涩的符号，人们根本就看不懂，于是进行了各种猜测，有的说是古印加人的历法，还有的说是古印加人的歌颂文字，然而，没有一个统一的说法来解答人们的疑惑。

后来，美国两位对太阳门和古印加文化感兴趣的学者写了一本书《蒂华纳科的偶像》，专门对太阳门上的符号进行了研究，结果令人大吃一惊！

两位学者发现，太阳门上记载的，竟然是丝毫不逊于现代的天文知识，而更为神奇的是，古印加人的天文知识都是建立在地球是圆形的理论基础上的。

这也太奇怪了，生活在 1 700 年前的古印加人是怎么知道地球是圆的呢？

此外，更神奇的事情发生了。科学家发现，在每年的 9 月 21 日清晨，朝阳洒下的第一束阳光总会准确无误地穿过太阳门的中央，难道说古印加人的天文知识已经如此深厚了吗？他们竟能创造出令现代人也惊叹不已的奇迹！

再有一点就是,太阳门是由一整块重量达到百吨的安山岩组成,而其原料来自5千米外一个名叫珂帕卡班纳的半岛。

当时古印加人不会冶炼铁,他们没有钢铁工具,没有炸药,也没有轮子和绞车,在高寒、低压、缺氧至连呼吸都极为困难的恶劣环境中,用什么方法从高山上挖取这样巨大的石块呢?又是怎样经过崎岖的山路把重达百吨的巨石运到湖畔广场工地上的呢?

6名强壮的男子才能拖动一块半吨重的石头,而石门至少重一百吨,需要26 000多名搬运工人一同协力完成。

那么多人凑在一起,以当时的经济水平来看,无异于需要有一个庞大的城市作为支撑,可是,蒂华纳科并不够大啊!西方有些人认为,以捕鱼和狩猎为主要谋生方法的古印加人,根本没有能力建造这样的石门。

接下来,科学家们又为太阳门的作用而争论不休。

玻利维亚考古学家认为,太阳门是一个宗教性质的建筑,它极有可能是阿加巴那金字塔塔顶之上庙宇的一部分。

美国历史学家却提出一个截然相反的理论,他们认为太阳门属于古印加人的一个大型商业中心或文化中心,既然印加的经济那么发达,为什么不开辟一块大场地进行商业贸易呢?可是对大多数人来说,他们更愿意相信第三种说法,那就是:太阳门是外星人建的,是外星人的外层空间之门,它拥有着连接外层空间的能力,能够让外星人迅速来到地球以外的区域。

如果真是这样,那实在是太神奇了,可惜我们都是地球人,无法证明这种说法的正确性,只能将其当作一个神奇的传说,与他人津津乐道了。

太阳门档案

建造时间:一般认为是5—6世纪。

高度:3.048米。

宽度:3.962米。

地理位置:的的喀喀湖东南21千米、海拔4千米的安第斯高原上。

雕饰:门楣中央刻有一个神明,神的头部放射出光芒,神的双手则各举着两根护杖,在神的身旁两侧,平列着3排48个栩栩如生的人像,均比神像矮小,其中上下两排是面对神像的带有翅膀的勇士,中间一排是人格化的飞禽。

所属:蒂华纳科文化遗址,该遗址长1千米、宽400米,由阿加巴那金字塔和卡拉萨萨亚建筑组成。

36 西敏寺大教堂里到底有多少棺椁？

英国有一座著名的大教堂，它在伦敦的市中心，自建成之日起就受到了所有人的关注，它就是西敏寺大教堂。

这座教堂不仅仅因为隶属英国皇室而出名，更重要的是，它是一座国家墓地。

当然，很多教堂里都会摆放名人的棺椁，可是像西敏寺大教堂那样，走几步就踩在了墓地上的情形，在世界范围内是非常罕见的。

没有人知道教堂是从什么时候起，成了一个时髦的墓地，很多名流都以死后能进入其中为荣，不过只有形象正面的人物才能"入住"教堂，而那些桀骜不驯的"异端分子"就没那么好的机会了。

中世纪最伟大的英国诗人乔叟差点就与西敏寺大教堂擦身而过，当年乔叟一直为皇室效力，有过一段的风光时期，他当过关税管理员、治安法官，后来又成了建筑工程主事和森林副主管，日子真是过得顺心如意。

可惜的是，到了 14 世纪末，亨利四世上台了，他开始肃清前任统治者身边的亲信，乔叟不幸遭到了波及。

他一下子成了平民百姓，连年金都被剥夺，好日子一去不复返了。

就在乔叟去世前的数年，他终日为了一点养老金而发愁，早就不再想仕途上的那些事，但唯有一件事让他放心不下，那就是他的身后事。

在理查德统治时期，由于国王特别欣赏乔叟的才华，恩准他死后葬入西敏寺大教堂，可是眼下换了一个新王亨利，亨利还对乔叟特别忌惮，会不会不准他在教堂下葬呢？尽管心里七上八下，乔叟还是安排了自己在教堂里的后事。他不知道，西敏寺大教堂管事的人员也是疑虑重重，生怕乔叟的入葬会引来亨利四世的怪罪。

几年后，乔叟病逝，教堂管事人员考虑再三，最终还是接纳了乔叟的棺椁，却是以"朝廷官员"的身份，而非作家的身份来迎接乔叟，而且给乔叟安排了一个非常偏僻的角落，怕的就是引起亨利四世的注意。

就这样，乔叟成了第一个埋葬在威斯敏斯特教堂里的文人。尽管如此，亨利四世还是不满意，又命人将乔叟的尸骨挖出来，埋葬在教堂的外面。

很多年以后，国王又记起了乔叟，出于对逝者的尊敬，便将他的遗体重新移回教堂里。

西敏寺大教堂

由于乔叟实在是很出名,很多英国文人都希望自己死后能葬在他的身边,于是乔叟在教堂里的那个偏僻墓地慢慢地聚集了一批诗人、作家,最后竟成为名人"聚会"的地方了。

其实,乔叟与其他文人的墓穴只是西敏寺大教堂众多墓地的一小部分,另外如伊丽莎白一世、牛顿、达尔文、丘吉尔等人,所有棺椁加起来,竟然达到了惊人的三千多具!

由于教堂面积就这么大,而死者人数众多,后来的名人棺椁只能竖起来埋在地上,可是即便如此,最后还是塞不下了。

教堂没有办法,只能将一些伟人的墓地迁往圣保禄教堂。

如今,当人们走入西敏寺大教堂时,会被告知在走廊的每一块石板下,几乎都埋葬着一个名人,但英国人并不介意,反而以此为荣,在他们看来,教堂并非一个宏大的墓地,而是整个民族精神的象征。

西敏寺大教堂档案

初建时间:公元 960 年,1045—1065 年扩建。

重建时间:公元 1220—1517 年。

地理位置:英国伦敦泰晤士河北岸。

又名:"威斯敏斯特教堂"。

得名:"威斯敏斯特"的英文含意是西部,因为它在伦敦的西边。

结构:由教堂和修道院两部分组成,拥有英国最高的哥特式拱顶。

教堂主体:长 156 米,宽 22 米。

性质:英国王室专用教堂。

作用:英国皇室加冕和结婚的场所、埋葬英国历代名人的地方。

埋葬名人:3 000 多人。

其他用途:教堂收藏有大量文物,如历代帝王加冕所用的尖背靠椅便有 700 多年的历史。

轶事:教堂内的壁画——巴耶彩图相传为威廉王后玛蒂尔达亲手所织,记录了 11 世纪法国诺曼底的威廉一世征服英格兰的全过程,画中共有 1 152 个人物和 72 幕场景。

丑闻:英国资产阶级革命中,护国主克伦威尔被杀后,其头颅被挂在教堂的尖顶上长达 61 年。

拉利贝拉岩石教堂为什么要建在石头里？

在埃塞俄比亚的高原城镇拉利贝拉，有十一座史无前例的建筑，这些建筑都有一个统一的名称——拉利贝拉岩石教堂。

岩石教堂的奇特之处在于它们并不是高高竖立在地面上，而是深藏地下，在岩石里凿刻出各种精巧的结构，其屋顶几乎与地面齐平。

为什么埃塞俄比亚要把教堂建得如此奇怪呢？

相传，在12世纪初期，埃塞俄比亚的第六代国王新添了一名王子，刚生产完的皇后尽管很疲惫，却内心充满了喜悦，她紧紧抱着自己的小儿子，轻轻哼着摇篮曲。

这时，一群蜜蜂不知从哪里冒了出来，嗡嗡地围绕在王子的襁褓边，赶都赶不走。

皇后突然想起关于蜜蜂的古老传说，立刻惊喜地叫起来："我明白了，这是上天的意思，是要我的儿子将来执掌王权！"

耶稣进入耶路撒冷

为了感谢上天，皇后就给刚出生的婴儿取名为"拉利贝拉"，意思是"蜜蜂宣告王权"。

谁知，皇后的话被她的大儿子听到了。

大儿子对王位虎视眈眈，觊觎已久，怎么肯让才出生的弟弟来跟自己抢王位呢！

当拉利贝拉长到五六岁时，他的哥哥再也忍不住了，决心要让弟弟永远失去争夺皇权的能力。

于是，大儿子想出了一个诡计，将毒药混进食物里，做成香甜可口的佳肴，骗拉利贝拉吃进去。

被下毒的拉利贝拉昏睡了三天三夜，他的灵魂离开了身体，飘飘荡荡地向着天国飞去。

他来到一座金光璀璨的神殿前，忽然听到有人在呼喊他的名字："拉利贝拉，我们去耶路撒冷朝圣！"

拉利贝拉很惊奇，他四下张望，发现一个留着络腮胡子的中年男人正对着他微笑。

男人说自己叫耶稣，劝拉利贝拉信奉基督教，拉利贝拉同意了。

于是，耶稣就带着拉利贝拉飞到耶路撒冷，朝圣完毕后，拉利贝拉就醒了。

哥哥的阴谋没有得逞，拉利贝拉健康地生存下来，并最终登上了王位。

当拉利贝拉上台后，他记起了耶稣对自己的嘱咐："要在你们国家造一座新的耶路撒冷城，并用一整块岩石建造教堂。"

拉利贝拉遵照神谕，派遣了两万多人，在俄塞俄比亚北部海拔 2 600 米的高原上，将 11 块巨大的岩石凿成了 11 座岩石教堂，前后一共花了整整 24 年。

由于没有岩石矗立在地面上，所以教堂就只能往地下开凿，形成了世界上独一无二的地下教堂群。

拉利贝拉岩石教堂全部位于深坑之中，几乎没有高出地面的建筑，其中有 4 座教堂是用整块岩石凿刻而成。

由于埃塞俄比亚在夏季会下大暴雨，所以有人会提出疑问：教堂在雨季的时候不会被淹没吗？

事实上，教堂安然无恙。

为了让积水排泄干净，教堂设计出了合理的排水系统，因此即使建造了近一千年，也丝毫没有损坏的痕迹，被誉为"非洲奇迹"。

拉利贝拉岩石教堂

扫一扫
获得拉利贝拉
岩石教堂档案

是雨果拯救了巴黎圣母院，还是巴黎圣母院成就了雨果？

在法国巴黎，有着太多浪漫的建筑，其中的一个建筑从来都不曾被人们忘却，因为它记录了一个凄美的爱情故事，尽管这个故事是虚构的。

它就是巴黎圣母院，一座为圣母玛利亚而修建的教堂，曾因大文豪雨果的长篇小说《巴黎圣母院》而为世界所熟知，至今依旧熠熠生辉。

可是又有谁知道，曾经有一度巴黎圣母院十分落魄，甚至差点就不复存在了呢？

那是在 18 世纪末的法国资产阶级大革命之后，当时圣母院里的珍宝早已被抢掠一空，拿不走的也都遭到了破坏，塑像也破旧不堪，而且头部全部被砍掉，看了让人很心酸。

整座圣母院中，只有一座大钟没有遭到毁坏，也许暴徒们认为大钟没什么用处，他们没想到自己的这个想法日后让雨果孕育出了名垂千古的著名小说。

圣母玛利亚

由于圣母院的败落，人们对它失去了兴趣，没有人到那里去祷告，蜘蛛和老鼠便占领了这个教堂。

后来，酒商灵机一动，将它变成了一个藏酒的仓库。

公元 1804 年，拿破仑当上了巴黎的执政官，圣母院才又恢复了宗教身份，可是它仍旧千疮百孔，只怕再过不久就要被人们推倒重建了。

就在圣母院即将被所有人遗忘的时候，法国著名作家维克多·雨果却念念不忘这座从儿时起就陪伴着他的教堂，于是跑到圣母院里去重拾记忆。

眼前的情景令他吃惊，只见门窗脆弱不堪，风一吹就发出"吱呀吱呀"的响声，桌椅倒了一地，满地都是玻璃碴，难怪圣母院这么不受欢迎。

雨果的心情很沉重，幼年时代他曾经多次在圣母院外和伙伴们打闹嬉戏，当时大家都对这座宏伟的建筑赞赏不已，却从未想到里面会是这般颓败的景象。

雨果又看到了顶楼的大钟，一个画面跃入了他的脑海，他心想：我一定要拯救

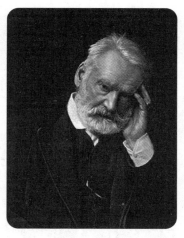

法国浪漫主义作家维克多·雨果

圣母院,要让所有人都爱上这座建筑!

回来后,雨果就写成了长篇小说《巴黎圣母院》,公元1831年,小说在市面上流行开来,引起了轰动。

这时,人们才注意到凋零的圣母院,为了艾丝美拉达和卡西莫多的美好故事,他们纷纷发起募捐活动,号召市民齐心协力保住圣母院。

巴黎政府也得知了此事,便找来了历史学家兼建筑家奥莱·勒·迪克,请他帮忙重修圣母院。

在迪克的带领下,建筑师们整整工作了23年,终于将圣母院内外修缮得焕然一新,圣母院也就成了如今我们所见到的模样。

如果没有《巴黎圣母院》,今天的圣母院早就消失在历史的尘埃中,一本小说救了一座教堂,真是神奇啊!

巴黎圣母院档案

建造时间: 公元1163—1345年。

性质: 主教座堂。

地理位置: 法国巴黎,塞纳 马恩省河中的西提岛东南端。

作用: 曾用于整个欧洲工匠组织和教育组织的集会,现成为法国第四大学——索邦大学的所在地。

层数: 三层。

大钟: 位于教堂正厅顶部的南钟楼,重13吨,筑钟材料中有金银。

长度: 128米。

宽度: 40米。

巴黎圣母院

结构: 内部并排有两列长柱,柱子高达24米,有5个纵舱,内饰庄严朴素,主殿翼部两段都有玫瑰花状的巨型大圆窗。

宝物: 木刻的圣经故事——《天库》。

地位: 开辟了欧洲建筑史上的轻巧结构,是欧洲早期哥特式建筑和雕刻艺术的代表,也是巴黎第一座哥特式建筑。

查理大桥到底能不能激发出神奇的灵感？

美好的东西总能激发出人类心底特殊的情感，即便它是一座大桥，也照样能让人们心旌荡漾。

尽管听起来不可思议，但捷克首都布拉格市的查理大桥却真有激发文人灵感的功能，因为它是一座横卧在伏尔塔瓦河上的优美大桥。

建造查理大桥的是 14 世纪的建筑师彼得·帕尔勒日，他是一个追求梦想的年轻人，在接到国王旨意当天长跪不起。

原来，他早就想建一座举世闻名的建筑，他非常感谢查理四世给了他这个机会，换句话说，他不是在造桥，他是在建造梦想啊！

于是，彼得慢工出细活，将大桥造了 43 年，造到他都没来得及看一眼自己工作的成果，就溘然长逝了。

这里得表扬一下波西米亚王朝的国王，他居然没有催促彼得加快进度，也没有叫彼得去训话，真是一个好老板。

查理四世

500 年后，查理大桥终于向世人展示了他的独特作用，人们这才醒悟到：精心打造出来的东西就是不一样。

在公元 1874 年的一个秋天，一位名叫斯美塔那的作曲家痛苦地走上查理大桥，想要结束自己的生命。

斯美塔那患有耳疾，这对靠音乐维生的他来说，简直就等于生命的终结，他麻木地走上桥面，盯着奔流的伏尔塔瓦河，心想：生命也不过如此吧！

突然，在那个瞬间，他听到了河流撞击查理大桥的声音，那急促的水流声是如此雄浑激昂，竟宛若流入他的心中。

斯美塔那不由地发出一声惊叹，他暗自责怪自己的懦弱，又深深凝望了一眼大桥，转身就走，从此世上少了一个孤魂，多了一个"捷克音乐之父"。斯美塔那后来创作出著名的交响诗《我的祖国》，他在晚年时写下回忆录，称历经百年沧桑的查理大桥就是祖国的象征,也是他生命的泉源。所以,《我的祖国》最著名的第二乐章就被称为"伏尔塔瓦河"。

查理大桥上的雕像

作家卡夫卡

捷克还有一位世界级大师,他出生在查理大桥的桥畔,与伏尔塔瓦河共同成长,他就是犹太人卡夫卡。

卡夫卡特别喜欢查理大桥,他在生命的最后时刻还不忘对好友雅努斯说:"我的生命和灵感全部来自于伟大的查理大桥!"

雅努斯惊奇于卡夫卡对查理大桥的满腔热爱,他在整理回忆录时告诉读者:卡夫卡从三岁时便喜欢在桥上徘徊,他能说出桥上所有雕像的故事,在无数个夜晚,卡夫卡借着路灯昏黄的光,数着桥面上的石子……

不过卡夫卡的家人并不太喜欢查理大桥,他的妹妹很向往一条金匠聚集的黄金小道,就把哥哥接到小道上来居住。

没想到,卡夫卡只住了一个月就难受极了,又搬回了查理大桥的桥下。

查理大桥

难怪捷克的知名思想家米哈尔这样评价卡夫卡:"他的生活就是在桥上或者桥下,他的作品,无论是《城堡》、《变形记》还是《走过来的人》,无不流露出对查理大桥浓浓的眷恋之情。"

因为卡夫卡,查理大桥成为思乡的象征。

当公元 1944 年纳粹占领捷克后,卡夫卡的所有作品被人们抢购一空,大家共同呼唤着查理大桥,正如同呼唤着自己的祖国。

查理大桥档案

建造时间:公元 1357—1400 年。

长度:520 米。

宽度:10 米。

得名:该桥是奉捷克国王查理四世之命建造的,因此被称为"查理"。

桥墩:16 座。

雕像:30 尊,全部出自 17—18 世纪捷克巴洛克艺术大师之手,不过原件如今大部分在博物馆里,桥上的几乎都是复制品,据说只要虔诚地去摸石像,就能带来一生好运。

头衔:欧洲的露天巴洛克塑像美术馆。

地位:伏尔塔瓦河 18 座大桥中的第一座桥梁、布拉格最有名的古迹之一。

重要事件:公元 1393 年 3 月 20 日,布拉格的圣约翰被国王从桥上扔入河中溺死,如今查理大桥的围栏中间刻着一个金色的十字架,那便是圣约翰被杀害的位置。

热罗尼莫斯修道院有没有保命的功能？

　　宗教建筑是信徒心中的神迹，他们相信常去那里可以净化心灵、延年益寿，而有时候上天似乎也在用事实告诉人们——心诚则灵。

　　16世纪初，葡萄牙国王曼努埃尔一世开始修建热罗尼莫斯修道院，国王非常虔诚，每年不惜动用大约70千克黄金的价钱来造这座修道院，为了维持质量，他宁愿要求施工进程慢一点，也绝对不会为了速度而偷工减料。

曼努埃尔一世徽章

　　就这样，热罗尼莫斯修道院一造就是80年，当它建好后，立刻成为葡萄牙最华丽、最雄伟的修道院，民众围在它的门前，无不惊讶、称赞，为国王的远见而钦佩不已。

　　此后，大家时常会去热罗尼莫斯修道院礼拜。

　　由于该修道院位于葡萄牙首都里斯本的入海港，所以它在外国人的心中也占据了一席之地，经常有带着虔诚信仰的异国人来到修道院里祷告。

　　公元1755年的一个周日清晨，天空中突然聚集了大量扭曲的云朵，空气中似乎充斥着一丝不安的气氛，连空中的鸟儿也聚在一起，吵闹着到处乱飞，仿佛想告诉人们一点什么。

　　可是，大家都没有在意，又到了周日，教徒们要早早地赶去教堂里做弥撒，连皇室成员也不例外，他们匆匆地盥洗，然后赶往热罗尼莫斯修道院。

　　"这都是老国王的功劳，让我们如今有了这么好的皇家修道院。"在走进教堂时，皇族中有很多人都情不自禁地看了一眼修道院西门上跪着的曼努埃尔一世及其妻子的雕像，心中暗暗地慨叹着。

　　当大家到齐后，牧师便开始主持仪式。

　　在这天早上，正当所有人都紧闭双眼，在各自的教堂里齐声祷告时，地面忽然发出一声惊天动地的响声。

　　大家惊慌失措，还未来得及反应过来，脚下就剧烈地晃动起来。

　　"救命！"很多人想逃出教堂，可惜被晃得难以站稳，更别提奔跑了，最后他们只能伸出手臂，发出徒劳的呼救声。

在热罗尼莫斯修道院里的皇室成员也一样，地震太大了，他们没办法移动，只好跪在座位下，流着眼泪祈求神明的保佑。

那一天，无数人都在期盼奇迹的出现，可惜上帝有点太残忍了，其他教堂都被震塌，里面的教徒死伤大半，唯独热罗尼莫斯修道院完好无损，只是有一些墙体产生一些裂缝，在修道院里的人也因此全部存活了下来。

当那些皇室成员了解到地震的灾情后，均惊奇不已，他们不由地对热罗尼莫斯修道院感激涕零，并拿出重金来修复这座保住他们性命的修道院。

西门左侧跪下的皇后雕像

后来，民众也得知了热罗尼莫斯修道院的神奇功能，他们对这座宏伟的建筑也充满了仰慕之情。尽管该修道院自公元 1833 年之后因停止使用而逐渐衰败，但仍无损于它成为里斯本的象征性建筑之一。

热罗尼莫斯修道院

扫一扫
获得热罗尼莫斯
修道院档案

美泉宫为什么要与凡尔赛宫争胜？

在中世纪，欧洲的宫殿数不胜数，其中最繁华的当属法国的凡尔赛宫了。

也许凡尔赛宫实在太出名，其他国家的统治者无不想再建一座恢宏的建筑，好超越前者。

少女时代的玛丽亚·特蕾西亚

不过建筑宫殿哪有这么容易，一项浩大的工程要想顺利完工，没有足够的资金支持是无法成功的，没想到这个难题到了 18 世纪中叶，居然被一个女人解决了。

这个女人就是奥地利唯一的女王——玛丽亚·特蕾西亚，她是个一生际遇都很独特的奇女子，而美泉宫的营建也是她众多传奇故事中的一朵奇妙的浪花。

美泉宫原本建于 16 世纪末，为神圣罗马帝国皇帝所建，然而在百年之后的战争中，它被战火烧毁。后来，奥地利皇帝约瑟夫一世的父亲重建了宫殿，当皇帝离世时，由于缺乏资金，宫殿还未竣工，皇后就独自居住在美泉宫里。

随后，查理六世继承了哥哥的皇位，开始统治奥地利。几年后，他终于有了一个孩子，可惜是个女儿，那就是未来的女强人玛丽亚·特蕾西亚。

又过了几年，查理六世拥有了美泉宫的使用权，不过他对这座宫殿不感兴趣，就把它当作礼物，送给了长女特蕾西亚。

特蕾西亚倒是特别喜欢美泉宫，她从小就在这座宫殿里玩耍，这里对她来说，简直就是一方庞大的私人空间，她可以享受到很多的自由。

不愿受制于人的天性让特蕾西亚在五岁时起就喜欢上了自己的表哥——洛林公爵弗兰茨·斯特凡，她不顾皇室反对，执意与表哥自由恋爱，撼动了朝野，但是最后她成功了。

特蕾西亚在 23 岁时，查理六世由于误吃了毒蘑菇而身亡，年轻的长女从此戴上皇冠，成为奥地利的女王。

这时她终于可以大张旗鼓地翻修美泉宫,而美泉宫的辉煌时刻也即将到来。

女王计划让美泉宫成为皇家寝宫和政治中心,为此,她请来了著名古典主义建筑大师尼古劳斯·冯·帕卡西负责改造宫殿。

尼古劳斯工作卖力,他花了二十年的时间让美泉宫从一座狩猎皇宫变成了一座豪华的皇家寝殿,可以让一千个人同时居住在里面,面积也达到了 26 000 平方米。

不过这时候的美泉宫仍然比不上凡尔赛宫,后者可以容纳近万人,美泉宫的规模还是不够大。

可是美泉宫虽小,内部装修却十分豪华,它采用了洛可可风格,这在当时的奥地利是非常罕见的。

女王爱看歌剧,尼古劳斯就在皇宫的北侧搭建了一座剧院,这样女王和她的16 个子女也可以充当一下临时演员,在剧院里演戏和唱歌了。

除了建筑师的努力外,女王的丈夫斯特凡也没闲着,他和洛林的一群艺术家继续扩建皇家花园。

海神泉

斯特凡这个"驸马"当得委实有点郁闷,因为大权都掌握在妻子特蕾西亚手里。虽然后来神圣罗马帝国不允许女人当皇帝,他才在妻子的帮助下成为帝国的最高统治者,但实权仍旧掌握在特蕾西亚手里。

为了表示抗议,斯特凡除了不断寻花问柳,就是将多余的精力用于赚钱和改建美泉宫上。

他与艺术家将皇宫花园的林荫路设计成放射形,而美泉宫就是林荫路的中心,花园是巴洛克风格,讲究对称,连石头的颜色也不例外。

后来,斯特凡又建了动物园和植物园,还请德国艺术家威廉·拜尔根据古希腊和古罗马的神话造出许多雕塑。

还未等美泉宫修建好,斯特凡就去世了,特蕾西亚女王悲痛欲绝,为了找到情感的寄托,她继续扩建美泉宫,使宫殿一直延伸到美泉山上。

几年后,另一位知名建筑师——来自奥地利的约翰·费迪南德·赫岑多夫·冯·霍恩贝格主持了美泉宫的设计工作,他在山脚挖掘了"海神泉",又在山顶建造了凯旋门,还有很多模仿其他国家古迹的建筑,如方尖碑、人造罗马废墟等,真正让美泉宫成了一个建筑博物馆。

此时的美泉宫在气势上已经不输于凡尔赛宫了,可惜的是,特蕾西亚女王没有等到宫殿最后落成,就在前一年溘然离世了。

公元 18 世纪中后期的美泉宫

美泉宫档案
建造时间:公元 1686—1780 年。
得名:马蒂亚斯皇帝到宫殿所在地狩猎,无意间饮到一眼泉水,顿觉心旷神怡,将此泉命名为"美丽泉",宫殿由此得名。
面积:26 000 平方米。
房间:1 400 间,44 间是洛可可式风格,其余多为巴洛克风格。
地理位置:奥地利首都维也纳西南部。
性质:曾是神圣罗马帝国、奥地利帝国、奥匈帝国和哈布斯堡王朝家族的皇宫。
地位:世界文化遗产之一、维也纳最负盛名的经典建筑、欧洲第二大宫殿。

圣彼得大教堂为何会如此出名？

说起天主教，就不能不提及一个国家——梵蒂冈，该国虽然不大，却是教宗的驻地，是拥有世界六分之一人口的信仰中心，因而充满了神圣的味道。

说起梵蒂冈，又不能不提到一座举世瞩目的大教堂——圣彼得大教堂。

圣彼得

圣彼得大教堂首位建筑师布拉曼特

这座教堂是世界最大的教堂，光是面积就已经让它极负盛名了，而它在建造过程中发生的一系列故事，更是让它成为世界的焦点。

当年，耶稣的门徒彼得被暴君尼罗杀害，埋葬在梵蒂冈的小山上，人们为了纪念他，于公元 326 年时，在他的坟墓上建了一座圣彼得教堂。

到了公元 1506 年，教皇尤利二世决定推倒圣彼得教堂，再重新盖一所气势磅礴的教堂。

尤利二世这么做，可不是为了上帝，而是想让新教堂成为替自己歌功颂德的纪念品。

野心勃勃的尤利二世还想把他的墓地也放在教堂里，于是他对新教堂投入了大量的人力、物力，誓要建造一座最宏伟壮观的大教堂。

整个欧洲的能工巧匠都希望成为大教堂的总工程师，他们纷纷拿出了自己的设计方案,请教皇评选。

最终,建筑师布拉曼特的设计被选中,他也因此成为教堂的首位建造者。

有趣的是,布拉曼特的死对头是艺术大师米开朗基罗,两位死敌在生平居然有了唯一的一次合作,那就是建造圣彼得大教堂。

最初,布拉曼特提出将教堂设计成希腊十字的模样,可是希腊十字无法覆盖老教堂,也不利于公众集会,因此爆发了一场建筑史上著名的讨论,最后拉丁十字代替了希腊十字。

布拉曼特自己也没想到,圣彼得大教堂会建造这么漫长的时间,而他并非唯一建造者。

当他离开后,艺术大师拉斐尔来了,后来又换成了桑加罗,直到米开朗基罗到来,教堂的工期才有了实质性的突破。

但是,米开朗基罗并不情愿接受布拉曼特留下的烂摊子,他以年事已高为由拒绝接受教堂的事务。可是教皇保罗三世坚持要他上任,米开朗基罗没有办法,只好同意。

圣彼得大教堂大殿穹顶

不过,米开朗基罗提出了条件:"我不要报酬,但要被赋予全权,任何人都不能来干涉我的工作。"

由于米开朗基罗实在德高望重,教皇没有反对,果真给了他全部的权力。

于是,米开朗基罗设计了大大的穹顶,增加了教堂的有力感,但是穹顶工程实在过于庞大,以至于 17 年后他离开人世,才将穹顶的底部造好。

幸运的是,后来的工程师都秉承了米开朗基罗的风格,坚定不移地将工程继续下去。

公元 1626 年,圣彼得大教堂终于竣工,新教皇乌尔班八世为气派的新教堂举行了落成仪式,此时距离教堂初建之时,已经过去了整整 160 年。

然而,教堂只是主体完工了,内部的装潢还没有着落呢!

接着,繁重的装潢工作就落在了意大利建筑师与雕塑家贝尔尼尼的肩上。

贝尔尼尼不仅有建筑上的才能,还有慧眼识人的能力,他组织的建筑队的风格竟然达到了惊人的统一,在长达 40 年的时间里,教堂内部的装潢竟宛若出自一个人之手。

于是,200 年的时间,22 位教皇统治,历经数位大师建设,圣彼得大教堂真是想不出名都难啊!

这座人类建筑史上的艺术瑰宝,还将在未来的漫长岁月中继续绽放着光芒。

圣彼得大教堂档案

建造时间:公元 1506—1626 年。

面积:23 000 平方米。

别名:圣伯多禄大教堂,因老教堂在罗马第一任大主教圣伯多禄的墓地上修建而得名。

地理位置:位于能同时容纳 30 万人的圣彼得广场之后。

高度:45.4 米。

宽度:115 米。

长度:211 米。

容纳人数:6 万人。

圣彼得大教堂完工不久的样貌

镇馆之宝:

1. 米开朗基罗在 24 岁时雕塑的《圣母哀痛》。

2. 贝尔尼尼雕制的青铜华盖,此物有五层楼高,前面的半圆形栏杆上有 99 盏长明灯永远不熄。

3. 圣彼得御座木椅,后经科学家考证,为加洛林国王泰查二世所赠。

地位:世界五大教堂之首(其余四座教堂分别为:意大利米兰大教堂、西班牙塞维利亚大教堂、意大利佛罗伦萨大教堂、英国圣保罗大教堂。)

注意事项:只有穿戴整齐的游客才能进入。

西班牙没钱怎么建马德里大皇宫？

在欧洲，还有哪座宫殿能与凡尔赛宫及美泉宫相媲美呢？

答案是西班牙的马德里大皇宫。

该皇宫是欧洲第三大宫殿，至今保持完好，藏有无数的珍宝和器物，如今已经成为一个著名的旅游景点了。

当年，马德里大皇宫只是摩尔人的一个防护城堡，无论是规模还是装修，都不能与现在相比。

公元1085年，天主教收复了马德里，城堡日渐破落，几乎不再被人使用。

500年后，西班牙的菲利普二世迁都马德里，于是城堡被改建成皇宫，可惜的是，公元1734年发生约一场大火，将皇宫夷为平地。

这让新国王菲利普五世很忧郁，他本来就有忧郁症和狂躁症，眼下他的病情爆发得更厉害了。

皇宫是菲利普五世从小生活的地方，他不容许童年的记忆被破坏，因此就想着重建一座豪华的大皇宫。

很快，这个想法遭到一些大臣的反对。因为这时候的西班牙，差不多处于贫困潦倒的情况了。

虽然该国经历了两场战争，分别获得了奥地利统治下的那不勒斯、西西里及奥斯曼帝国的领地奥兰，但是国家的人口激增，而且税制过时，国库已经开始入不敷出了。

要命的是，菲利普五世还聘请了很多家臣，这些家臣的职责不是来治理国家，而是类似高级管家，只供皇室差遣，而且薪酬还高得要命。王室只顾享受，却连军饷和官员的薪水都发不出，只能靠从新大陆运来的白银填补财政上的漏洞。

尽管现状很不乐观，菲利普五世却不听劝告，他大手一挥，在公元1738年宣布大兴土木，建造马德里皇宫。

结果，仅仅过了一年，西班牙就因财政告急，破产了。

这下菲利普五世傻眼了，没钱还怎么建皇宫呢？于是，工程不得不暂时停滞下来。

好在菲利普有个特别能干的老婆，那就是他的第二任妻子埃莉萨贝塔。

埃莉萨贝塔重用首相恩塞纳达侯爵,进行了一系列的改革,让西班牙的经济缓慢地复苏起来。

几年后,菲利普五世之子费迪南德六世当上了皇帝,他从来都不讨继母埃莉萨贝塔的欢心。

因此,恩塞纳达侯爵在一定意义上来说也是他的死对头。

可是费迪南德六世以国家为重,他不计前嫌,仍旧重用首相,继续进行改革。

这时,西班牙多少有点钱了,而且费迪南拒绝让国家卷入到奥地利王位争夺战和欧洲七年战争中,使得国力进一步得到恢复的机会,马德里皇宫终于又能以稍快的速度建设下去了。

公元 1759 年,费迪南德六世去世,皇宫依旧没有完工,五年后,继任的卡洛斯三世才正式入住这座辉煌的宫殿。

此后,西班牙的历代国王都在马德里大皇宫里居住,而且他们还根据自己的喜好对皇宫进行了装饰,使得皇宫拥有了不同的风格。比如卡洛斯三世的寝宫、卡洛斯四世的镜厅、阿方索十二世的豪华餐厅等,这也成为该宫殿的一大特色。

马德里大皇宫档案

建造时间:公元 1738—1764 年。

外观:正方形结构,类似法国的罗浮宫。

内饰:西班牙大理石、镀金灰泥和桃花心木门窗、那不勒斯天鹅绒挂毯刺绣,另有很多名人绘制的壁画。

边长:180 米。

性质:现已成为博物馆。

地理位置:西班牙广场的对面,广场上有塞万提斯纪念碑。

主要景点:帝王厅、绘画长廊。

趣事:公元 1903 年,皇宫里安装了 3 部电梯,其中的国王电梯历经 1 个世纪,仍旧保留着最初安装时的样子。

地位:欧洲第三大皇宫、世界上保存最完整最精美的宫殿之一。

阿方索八世雕像

在西班牙的马德里，有数座广场，广场上均有雕塑。

一般来说，作为一个国家的首都，能供数万人集会的地方可谓神圣庄严，若有雕塑，风格也是或典雅或有象征意义，可是唯独马德里的太阳门广场上却矗立着一座奇怪的雕塑，让人不解其意。

它是一座棕熊抱着大树的青铜像，充满了童话的趣味。

可别小看这座雕像，也别以为西班牙人是长不大的小孩，这尊雕像可是马德里的城徽呢！并且，它还来自于一个古老的传说。

相传，在很久以前，当马德里还是一片森林的时候，有一个淘气的小男孩跟着妈妈出去玩。

小男孩不肯听妈妈的话，他像一只活泼的小鸟，一会儿去看花，一会儿去抓蝴蝶，不肯好好走路。

后来，他看到了一只可爱的小白兔，就飞快地去追，连妈妈的呼唤声都没听见，他跟着兔子跑啊跑，结果跑进了森林里。

小兔子很快就不见了，小男孩这才意识到自己跑太远了，开始着急起来，想回去找妈妈。

谁知在这个时候，一只大棕熊突然出现了，棕熊一看到小男孩就张开了血盆大口，张牙舞爪地就向他扑过来。

小男孩的心都快跳出来了，他转身就跑，可是他速度不如熊快，眼看就要被追上了！

小男孩慌不择路，见身旁有一棵大树，就像猴子一样地爬上了树冠，终于可以暂时缓一口气了。

可是棕熊不肯放过眼前的肥肉，它抱着大树，拼命晃动树干，吓得小男孩惊慌失措。

这时,远方传来了妈妈的呼喊声,看起来妈妈就要过来找自己了。

男孩担心当妈妈走近时,棕熊会伤害到妈妈,他非常着急,就在树上大喊,让妈妈快跑。

附近正好有一个猎人,他听到了男孩子的呼救声,知道有猛兽出现,就赶来帮忙,结果棕熊被打死,小男孩和他的妈妈都得救了。

这是西班牙众多民间传说中的一个,但为何唯独这个故事被搬到了太阳门广场上呢?

"熊与石楠树"雕像

原来,在公元1202年,西班牙国王阿方索八世在收复马德里之后,授予当地自治权,马德里市政府由此成立。

政府想收回一些原本属于教会的牧地,教会哪里肯让自己的属地缩减,于是双方争执不下。

在经过了数次艰难的谈判之后,政府提出一项约定:那些争议地的地权仍旧属于教会,但是上面的林木归政府所有。

教会一想,觉得这个方式也可以,林木会消失,土地却不会发生变化。

但是教会还是有点担心,怕土地被政府使用后,时间一长就自动转移出去了。

为了让政府时刻不忘双方的约定,教会就设计了两种纹章,一种是熊在大地上走路的图案,寓意着教会对土地的控制权;一种是熊抱着大树的图案,寓意政府只有对林木有占有权。

结果,天长日久,教会的纹章早就消失在时间长河中,而市政府的纹章则演变成了广场上的雕塑,成了城市的象征。

太阳门广场

太阳门广场档案

建造时间:公元 1853 年。

面积:12 000 平方米。

海拔:670 米。

形状:半圆形,周围环绕众多建筑,建筑物的空隙间有十多条街道,呈放射状向外延伸。

得名:广场旁曾经有一个太阳门,是马德里的东大门,后来因为城市发展的关系,在公元 1570 年被拆除,但名称却保留了下来。

地理位置:马德里的正中心,附近有国会、博物馆和阿托查火车站。

特色:自公元 1962 年 12 月 31 日起,每一年广场上的跨年庆祝活动都会有电视转播。

趣事:17 世纪时,西班牙人渴望了解国外信息,便聚集在广场边的邮局旁。广场上的圣菲利普教堂的宽阔台阶成为著名的"谣言场",一些知识子也来凑热闹,如塞万提斯和洛佩·德维加。后来教堂被烧,"谣言场"变成了广场东面的苏塞索教堂的台阶,直到 19 世纪,第一张报纸在马德里诞生,谣言才戛然而止。

地位:马德里三百多个街心广场中最著名的一个广场。

人类讨厌战争,因为它是残酷的,不仅夺走了无数人的生命,还让很多的建筑也毁于一旦。

在 20 世纪上半叶,全球发生了一起史无前例的战争,那就是第二次世界大战。德国作为轴心国的领军人,用飞机向很多国家发动轰炸,导致大量城市成为废墟。

公元 1499 年的木雕科隆市容

然而,到了第二次世界大战末期,情况反过来了,同盟国开始反扑,向德国发动了进攻。

随着战事的推进,德国的据点越来越少,最后只剩下一个据点,那就是德国西部重工业城市科隆。

盟军决定轰炸科隆,消息一出,人心惶惶,科隆城里的德国人举家逃难,这座城市几乎成了一座空城。

当时的科隆城里,有一座最高的建筑物,那就是科隆大教堂,该教堂也是当时世界上最高的尖塔教堂,光建造就花了 600 年时间。

盟军如果要进行轰炸,科隆教堂肯定不能幸免,可是对科隆城里的流浪汉来说,这座教堂却有着特殊的意义,就这么毁于战火实在可惜。

原来,科隆教堂长期以来一直为流浪者提供庇护,在它那阴暗的地下甬道里,长年寄居着贫困潦倒的穷人,有很多甚至是残疾人,可以说,没有科隆教堂,就没有那些不幸但顽强的生命存在。

这时,一个老人站出来,对唉声叹气的流浪者提议道:"我们阻止不了教堂被炸毁,可是教堂里还有一万多块珍贵的壁画呢!我们一定要保护这些壁画的安全!"

其他人立刻点头称是,大家快速地商量了一下,便立刻展开行动,去外面找梯子,因为教堂里的梯子都被锁住了。

好不容易找到梯子后,四肢健全者负责拆卸壁画,残疾人虽然不能完成高空作业,却也迅速地将壁画运到教堂的地下,大家都尽心竭力地配合着,因为时间真的不多了。

科隆大教堂中窗画

可惜的是,科隆教堂实在太大了,就在大家拆到最高层时,空中响起了发动机的轰鸣声,轰炸机来了!

怎么办,赶紧逃命?可是壁画马上就要拆完了啊!

拆壁画的流浪汉们没有退缩,他们默默地看了一眼,又继续忙碌起来。

由于最高层的一圈壁画需要在外面拆卸,几个流浪汉不顾生命危险,用一根绳子把自己吊在高塔外,就这么将自己暴露在轰炸机的正下方。

这一幕被盟军的飞行员看在眼里,他们都难以置信,飞机已经装弹完毕,可是谁都无法按下发射按钮。

教堂并不是军事设施,那些衣衫褴褛的人是无辜的呀!执行轰炸任务的军官艰难地思考着。

终于,那些飞机改变了方向,象征性地在教堂周边投放了一些炸弹,然后飞走了,教堂的主体依旧完好无损。

当战争结束时,科隆有 90% 的地区被毁,可是位于市中心的教堂却骄傲地挺立着。

后来,德国对其进行了修复,教堂又重新焕发出生机,今天它已经成为一个传奇,用无声的语言为人们讲述着和平的故事。

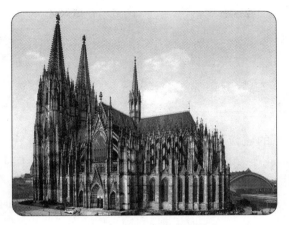

公元 1900 年时的科隆大教堂

科隆大教堂档案

建造时间:公元 1248—1880 年。

外形:由两座高塔组成主门,另有 11 000 座小尖塔烘托。

高度:157.3 米,相当于现代的 45 层楼高。

长度:144.58 米。

宽度:86.25 米。

面积:7 914 平方米。

所用石料:40 万吨。

钟塔:装有五座响钟,最重的达 24 吨,是世界最大的教堂吊钟。

轶事:

1. 著名音乐家舒曼在参观了科隆大教堂后有感而发,写下了《莱茵交响曲》。

2. 科隆市政府规定城内所有建筑物的高度不得超过教堂,导致其他建筑不得不向"地下"发展,结果建筑物在地面上仅有七八层,地下却多达四五层。

地位:世界高度第三的教堂、欧洲北部最大的教堂。

圣家族大教堂为何过了一百年还没建好?

历史上很多有名的建筑都经历了漫长的建造期,如科隆大教堂花了 600 年时间,佛罗伦萨主教堂花了 200 年时间,比萨大教堂用了 221 年时间,而中国的敦煌莫高窟,前后竟用了 900 多年才形成今日的规模。

建筑天才安东尼奥·高迪

如今有一座教堂,它的建造时间已经超过 100 年,最乐观的估计要到公元 2026 年才能完工,而若保守计算的话,公元 2050 年才是它竣工的日期。

可能有人会说,这座教堂的建设时间并不算最长啊!

但大家要明白,这是当代建筑,科技已经是最先进的了,而且当代人追求效率,没有那么多耐心去等待一座百年还没有"长成"的建筑。

可是这座教堂就是有这神奇的魔力,它能让人们充满期待,又不会失去耐心,它便是位于西班牙巴塞罗那的圣家族大教堂。

圣家堂之所以需要花费漫长的时间,全是因为它有一个追求完美的设计师——安东尼奥·高迪。

高迪从小就热爱建筑,在他出生的年代,恰逢国王下诏全面改造巴塞罗那,诞生于平民之家的高迪也就省却了选择,顺理成章地进入了建筑学校。

不过,高迪并不喜欢步别人的后尘,他崇尚与自然"对话",平时他也不喜欢与人接触,只是用自己的双眼去观察,用自己的头脑去思考,以至于当他毕业时,建筑学校的校长竟然感慨道:"真不知道我是把毕业证书发给了一个天才,还是一个疯子!"

高迪性格乖张,没有朋友,他只跟两个学生交流,平时也是一副阴沉的样子,留着满脸的络腮胡子,衣服也穿得破破烂烂的,一点都不像设计师,倒像个落魄的乞丐。

幸运的是,高迪遇到了他的知音欧塞维奥·古埃尔,后者将高迪带入了巴塞罗那的上流社会,无数的名流请高迪为自己设计别墅、公馆,结果高迪年纪轻轻就声名远扬,仅仅 31 岁就能出任圣家族大教堂的设计师。

高迪对曲线有着惊人的癖好,他说:"直线属于人类,而曲线属于上帝。"

于是,圣家堂大教堂全部由螺旋线、锥形、抛物线和双曲线组成,它那高耸的尖顶也变得既庄严又诡异。可是巴塞罗那人一看到高迪的设计,就狂热地喜欢上了,他们欣喜地期待着教堂的落成,同时高迪在他们的心目中,也成了一个大英雄。

高迪在做教堂的内部装饰时,引入了《圣经》中的故事,为了让雕塑栩栩如生,他专门找了真人模特儿来对比。

比如,他想表现希律王屠杀婴儿的暴行,就特地模仿死婴制作了石膏模型,挂在工作室的天花板下,结果工人们都被惊吓不已。

高迪建造圣家族教堂足足四十多年,到晚年时,他心里清楚,自己在有生之年是看不到教堂的完工了。

圣家堂教堂是一座宏伟的天主教教堂,整体设计以大自然诸如洞穴、山脉、花草动物为灵感

即便如此,他还是在生前的最后 12 年推掉了其他一切工作,将全部身心投入教堂的建设之中。

公元 1926 年 6 月 10 日,巴塞罗那的有轨电车首次通车,结果在当日,高迪被飞驰的电车撞倒了,送往医院后不久就离开了人世。

人们差点没认出他,因为他的打扮实在太朴素了,当一位老太太发现他就是巴塞罗那最伟大的建筑师时,整个西班牙都陷入了悲痛之中。

虽然高迪没能来得及看到教堂的落成,但人们仍在遵循他的遗志,将圣家族教堂继续建设下去。

教堂每年需要耗资 300 万美

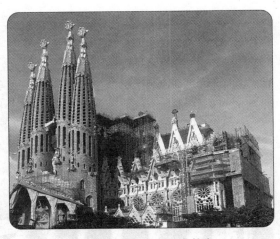

正在建造中的圣家族大教堂

元,可是由于资金缺乏,所以工程进展缓慢,但它总有完工的那一天,届时高迪在天堂也可以欢欣地笑了。

圣家族大教堂档案

建造时间:公元 1882 年至今。

性质:公元 2010 年被教宗本笃十六世册封为宗座圣殿。

结构:分为三组建筑,分别描绘了耶稣的诞生、受难和复活,由 18 座高塔组成。

高塔:中央最高的塔象征耶稣,为 170 米,周围环绕 4 座 130 米的高塔,象征四福音书的作者(玛窦、马尔谷、保禄及若望);北面高塔 140 米,象征圣母玛利亚;另有 12 座塔分别位于各侧面,代表耶稣的十二门徒,塔高 100～110 米。

外形:墙面上布满各种怪兽、蜥蜴、蝾螈和蛇的雕塑,仿若被穿透了成百上千个孔洞的巨大蚁丘,也仿佛一堆松软的黏土,但其实它用坚固的红石建成。

地位:巴塞罗那的象征、还未建成就成为世界最知名的景点之一。

耶稣与米兰大教堂有什么联系?

　　两千多年前,耶稣诞生了,他宣称自己是神的儿子,在民间积极传播着神圣的信仰。

　　结果,圣城麦加的权贵们认为耶稣威胁到了他们的统治,就在一个晚上将耶稣抓住,要处死他。

　　长老们派士兵将耶稣钉在十字架上,还说着风凉话:"你不是神的儿子吗?你不是能三日造一座城的吗?有本事的话,你就自己从十字架上下来吧!"

耶稣被钉上十字架

　　耶稣则悲愤地大喊:"我的神,你为什么要离弃我?"

　　他叫了几声,就断气了。

　　忽然间,天崩地裂,一场大地震发生了。

　　所有人都无比害怕,这才相信耶稣真的是神的儿子。

　　三天后,耶稣复活,他的地位再也无人可以撼动,而他在受难时被用到的十字架和血钉,也从此成为圣物。

　　转眼间,过了一千多年,血钉几经辗转,早已流落民间,最终被米兰的一个贵族吉安·维斯孔蒂公爵获得。

吉安公爵如获至宝,他决定在米兰造一所宏大的教堂,来供奉这根血钉。

公元 1386 年,公爵怂恿教皇建造米兰大教堂,对方欣然批准,还向各国征集设计方案。

当年,吉安公爵将血钉作为礼物,存放于教堂之中。

当他手捧装着血钉的盒子交给教皇时,教徒们都激动不已,争先恐后地跑过来瞻仰,而公爵自然是立了一个大功,他的功德被人们到处宣扬。

其实,吉安公爵之所以献出血钉,并促成米兰大教堂的开工,完全是为自己考虑的,因为他希望自己能感动上帝,让上帝赐给自己一个聪明能干的儿子。

公元 17 世纪的米兰

后来,他的愿望真的实现了。

不久以后,他的妻子怀孕了,然后生下了儿子乔瓦尼·马里亚。

公爵热泪盈眶,逢人就说米兰大教堂的耶稣显灵了,但他又没说清楚,结果人们就以为耶稣在教堂里出现了,不由得诚惶诚恐,对教堂加倍崇拜。

从此,基督教徒对血钉更加呵护,每年都要将钉子取下来朝拜三天,期望耶稣能再度显灵,为众人排忧解难。

至于吉安公爵,他虽然实现了愿望,可是他的儿子实在过于残暴,结果在 15 世纪早期便遭到了暗杀。

在 100 年的时间里,米兰教堂仍没有完工,却新增了一个新奇有趣的发明。

因为血钉藏在大厅的屋顶上,为了方便教徒取出钉子,达·芬奇设计了一台升降机,专门帮助教徒取放圣物。

5个世纪后,教堂终于完工,但由于时间间隔太久,刚建成就得展开维修工作,后来第二次世界大战爆发,教堂又遭到轰炸,可谓是状况频出。

好在耶稣一直与教堂同在,到了20世纪80年代中期,维修工程告捷,米兰大教堂终于以崭新的面貌矗立在世人面前,成为全球最具影响力的教堂之一。

米兰大教堂

米兰大教堂档案

建造时间:公元1386—1897年。

高度:158米。

宽度:93米。

面积:11 700平方米。

容纳人数:3.5万~4万人。

尖塔数:135个。

雕像:6 000多个。

铜门:5个,门上有很多方格,雕刻着神话与《圣经》故事。

风格:上半部分是哥特式的尖塔,下半部分为奢华的巴洛克式风格。

性质:该教堂是世界最大的教区——天主教米兰总教区的主教堂。

轶事:公元1805年,拿破仑在米兰教堂里加冕;达·芬奇在这里发明电梯。

地位:欧洲最大的大理石建筑、世界第二大教堂、世界最大的哥特式建筑、世界雕塑和尖塔最多的建筑、米兰的地标。

诺贝尔奖的具体颁发地点在哪里？

公元 1895 年，化学巨人诺贝尔深知自己时日无多，立下了一份遗嘱。

他提出，要拿出 920 万美元设立一个基金，以表彰每年在物理、化学、生理或医学、文学及和平五个方面做出卓越贡献的人们。

第 2 年的 12 月 10 日，诺贝尔就溘然长逝了。

为了执行他的遗嘱，政府在 4 年之后设立了诺贝尔基金会，并于次年就开始颁发首届诺贝尔奖。

说到这里，肯定有很多人会好奇：诺贝尔奖的颁发地点到底在哪里呢？

是的，我们每一年的年底都会听到关于诺贝尔奖的新闻，若有华人参与奖项的角逐，国人则更是兴奋，可是很少人会清楚颁奖地点的具体位置。

诺贝尔在生前早有考虑，他在遗嘱中要求，物理和化学奖由瑞典皇家科学院评定；生理或医学奖由瑞典皇家卡罗林医学院评定；文学奖由瑞典文学院评定；和平奖却有所不同，由挪威诺贝尔委员会评定。

既然有两个国家参与了诺贝尔奖的评选工作，所以举办地当然也定在了瑞典和挪威。

那么，瑞典的颁奖地点在哪里呢？

由于瑞典皇家学院总部设在瑞典首都斯德哥尔摩，所以诺贝尔奖的颁奖地点自然也在这座城市里。

公元 1911 年，有"怪才"之称的瑞典著名建筑师拉格纳尔·奥斯特伯格设计了斯德哥尔摩市政厅，该建筑 12 年后竣工，有绿树繁花、湖光喷泉，景色十分怡人。

此后的每一年，除和平奖外，诺贝尔奖颁奖仪式就在这座市政厅里举行。

有人可能会再度提出疑问：诺贝尔奖这么重要，颁奖要占据多大的地方啊？

要知道，这个奖项虽然举世闻名，但颁发地点并不会占用一整栋大楼。

市政厅有一个巨大的宴会厅，别名蓝厅，每年的颁奖之日，瑞典国王和王后都要来到蓝厅，为获奖者举行隆重的宴会。

每年出席的人数限于 1 500～1 800 人，男女都必须穿着严肃的礼服，男士穿民族服装也可以，瑞典科学院还会从意大利小镇圣莫雷，也就是诺贝尔逝世的地方，空运来装饰用的白花和黄花，以表示尊重。

　　公元 1968 年,诺贝尔奖又增加了经济学奖,颁奖地点仍在斯德哥尔摩市政厅。

　　其实,市政厅里除了颁奖用的蓝厅外,还有一个"金厅"同样著名。

　　金厅的墙壁用 1 800 万块边长约 1 厘米的方形金块镶嵌而成,当夜幕降临,水晶灯点亮,整个大厅就闪耀着璀璨的金色光芒,流光溢彩、非常辉煌。但是,无论是蓝厅还是金厅,在市民的心目中都比不上另一座大厅来得神圣,那就是结婚登记厅,也叫法国厅,是象征幸福和欢乐的地方,远比荣誉来得更重要。

　　同时,诺贝尔和平奖也在挪威的市政厅举行,这是座红色的建筑,为纪念挪威首都奥斯陆建市 900 年而建造,如今已经成为奥斯陆的地标。

　　这里每年都要表彰为世界和平做出贡献的人,但是由于评定标准是按照西方价值观而定,所以诺贝尔和平奖总是存在着很大的争议。

斯德哥尔摩市政厅

斯德哥尔摩市政厅档案

建造时间:公元 1911—1923 年。

建筑材料:800 万块红砖。

外形:一排两边临水的裙房,房子的墙面上有着排列整齐的纵向长条窗,市政厅右侧是高 106 米、有着三个镀金皇冠的金塔,寓意瑞典、挪威、丹麦三国的亲密合作,整座建筑如同在水中航行的大船。

作用:政府办公、开展宴会、市民登记结婚、举办诺贝尔奖颁奖。

镇厅之宝:在金厅的正中央墙上,有一幅很大的镶嵌壁画,画面中央是一位梅拉伦湖女神,女神脚下有一组欧洲人和一组亚洲人,象征梅拉伦湖与波罗的海结合诞生了斯德哥尔摩。

地位:斯德哥尔摩的象征性建筑。

圣维塔大教堂里是不是住着一位圣人？

在捷克首都布拉格，有一座圣维塔大教堂，它是城市的象征，也是过去王室的御用教堂。

圣维塔大教堂锯齿形拱顶

早在一千年前，它就已经开始施工，却直到一千年后才落成，在这千年的时间里，发生了许许多多动人的故事。

其中最可歌可泣的，当属圣约翰牺牲的故事。

圣约翰本名叫让·内波姆斯，他出生于波西米亚小镇内波穆克，先就读于查理大学，后来进入帕多瓦大学攻读教会法，公元1393年，中年的内波姆斯来到布拉格，担任教区的副主教。

没想到这一年，内波姆斯的命运发生了惊天动地的变化，厄运在不经意间悄然而至。

当时的捷克国王瓦茨拉夫正与本国的贵族斗得你死我活，瓦茨拉夫上台之时，王权已经大大衰落，贵族们四方割据，不肯顺从国王的旨意。

瓦茨拉夫面对着那些不听话的贵族，恨得牙根痒痒，他想找个机会来教训一下那些不知死活的对手，好发挥杀一儆百的效果。

就这样，暴躁的国王与布拉格总主教展开了权力斗争。

国王支持阿维尼翁教宗，而总主教则对罗马教宗俯首帖耳，并且想提拔内波姆斯为克拉德鲁比修道院的院长。

这可差点把国王给气坏了，因为瓦茨拉夫的心中早就有了教区的人选，他不想让内波姆斯上任，因而便想方设法要除掉这个眼中钉。

该采用什么方法来给内波姆斯治罪呢？国王左思右想。

结果没过多久，机会就来了。

原来，皇后不知什么原因，逐渐喜欢来往于修道院，而且她经常向内波姆斯告解，一说就是很长时间。

瓦茨拉夫觉得妻子肯定是在外有了情人,于是他便公事、私事一起办,将内波姆斯抓来问话。

"听说皇后经常对你诉说她的秘密,你能告诉我,她到底说了什么吗?"国王恶狠狠地问副主教。

内波姆斯平静地回答:"这是秘密,我不能说。"

国王顿时暴跳如雷:"她是我的妻子,对我来说,她没有秘密!"

可是副主教仍旧拒绝国王的要求。

这下国王可找到借口了,他愤怒地说:"你这个顽固的家伙,真是罪大恶极,我必须要对你实行惩罚!"

于是,他在一个深夜,命人将内波姆斯从查理大桥上扔进了伏尔塔瓦河,河水很快淹没了副主教的头顶,一个生命悄然消逝了。

瓦茨拉夫的暴行激起了教会和贵族们的极大愤怒,由于内波姆斯是为捍卫教会法和自主权而死,他被封为圣约翰,其棺椁也被放进只有王室成员才能进入的圣维塔大教堂。

从此,圣约翰就成了圣维塔教堂里的一位圣人,他的棺椁是教堂最重要的物品之一,人们在进入教堂后,都要摸一摸他的棺木,据说这样能带来好运呢!

圣维塔大教堂

至于瓦茨拉夫,他的所作所为越发让人们不能忍受,为此他也吃了不少苦头,在与贵族的战争中两次被俘。

当他死后,波西米亚的王权彻底旁落,直到两百年后才又重新得以兴盛。

圣维塔大教堂档案

建造时间:公元 929—1929 年。

性质:布拉格王室加冕与安葬之所。

外形:初期为圆形,公元 1060 年扩建为长方形,公元 1344 年查理四世下令将教堂改建成哥特式建筑。

景点:在教堂入口的左侧,有着布拉格名画家穆哈所制作的彩色玻璃窗;14 世纪上半叶由法国建筑师达拉斯·达拉斯建造的圣坛,长 47 米,高 39 米,圣坛上为纯银装饰的圣约翰的棺椁;金彩装饰的圣温塞斯拉斯礼拜堂。

地位:布拉格的"建筑之宝"。

太空针塔对世界首富也有致命吸引力?

在太平洋的东海岸,有一座浪漫的城市,它就是西雅图,而在这座城市中,又有一座象征性建筑,是每个到过西雅图的人所不能忽视的。

人们说,到了西雅图,不看太空针塔,就如同去巴黎不看埃菲尔铁塔一样,会留下遗憾的。可是在太空针塔刚建成之时,普通人几乎无缘登上这座新奇的建筑。

原来,针塔建于 20 世纪 60 年代初,在当时,除了顶级的富豪政客,平民是无法获准进入该建筑的。

不过好运气总会降临的,有一天,一个牧师来到一所教会学校,他当众宣布道:"你们之中谁要能一字不漏地背出《马太福音》中 5~7 章的全部内容,就可以被邀请进入太空针塔,参加那里旋转餐厅的免费聚会。"

话一说完,座位上的孩子们就爆发出一阵激动的欢呼声,很明显,这些学生都想进入太空针塔,因为很少有人能进到里面去呢!

可是牧师知道,他交代的任务简直是不可能完成的,因为那三章《马太福音》不仅内容冗长,而且连贯性不强,常人读着都觉得拗口,更别提背诵了。

果然,欢呼雀跃之后,很多学生开始为背诵福音而发愁了,有些孩子在读了几遍后,直接就放弃了任务,唯独一个十一岁的孩子坚持了下来。

他就是比尔·盖茨,未来的世界首富。

小比尔一心想去攀登太空针塔,当他很小的时候,就已经在幻想站在塔顶俯瞰全城的景象了,如今梦想终于能实现,他怎会放过这个好机会呢?

于是,在一个星期左右的时间里,他除了吃饭、睡觉,其他时候都在背诵《马太福音》。

"我一定要去针塔里面看看!"他暗暗地告诫自己。

结果,他如愿以偿,成为学校中唯一一个被邀请进入针塔参观的孩子。

在多年后,他成立了微软公司,并出了自传,对于从前的故事,他仍旧对首次登上太空针塔的事情念念不忘,他告诉人们:"并不是我比其他孩子聪明,而是我肯努力,而其他人没有。"

多年后,教会学校的几个同窗接到了比尔的邀请,前来参观位于西雅图的微软公司总部。

这些旧时玩伴来到了比尔·盖茨的办公室,看见办公桌后面的墙面上挂着三张巨大的照片。

第一张是比尔幼年时居住的破旧小木屋,第二张是造型雄伟奇异的太空针塔,第三张则是微软的发射塔。

三张照片中景物的高度依次增长,呈现出一条振奋人心的曲线。

"知道我为什么要把太空针塔挂在墙上吗?"比尔笑着对伙伴们说。

大家都摇摇头,比尔便解释道:"我现在可以造二十六座太空针塔,但是我仍然忘不了读书时去太空针塔参观的景象,它让我明白,只要坚持、尽力,早晚都会成功的!"

也正因如此,世界首富对太空针塔始终怀有着特殊的感情,这座西雅图的地标建筑,在比尔·盖茨的心中,也成为成功的代名词。

太空针塔档案

建造时间:公元 1961 年。

性质:为庆祝公元 1962 年的世界博览会而建。

高度:184 米。

宽度:42 米(最宽处)。

重量:9 550 吨。

抗力:可抵御 9.1 级地震和 10 千米/小时的狂风。

外形:由两部分组成——塔身和圆盘式的塔顶。

内置:天空都市旋转餐厅和精品店,餐厅设有最低消费,食物价格略贵,即便在餐厅里静止不动,也可以在 47 分钟内 360 度观赏到市中心的景观。

作用:游客可在针塔顶部俯瞰整个西雅图,还能看到奥林匹克山脉、卡斯卡德山脉、瑞尼尔山、依利雅特湾和其附近的岛屿等。

地位:曾是美国西部最高的建筑之一、西雅图市的市标。

从西雅图市中心看太空针塔

迪拜棕榈岛为何被称为"世界第八大奇迹"?

在古代,有七座人造景观因为罕见的规模而被誉为"世界七大奇迹",在数千年之后,不断有新的建筑脱颖而出,刷新着"奇迹"的标准。

在迪拜,因为王储的支持,造型奇异的建筑争相涌出,也吸引了相当多的游客。

到了20世纪90年代,迪拜所有的沙滩都被开发一空,这里一年四季都有着灿烂的阳光,人们没有理由不聚集在海边游玩。当所有的沙滩都站满了人之后,当地的旅游业面临着一个停滞不前的瓶颈。

为了解决土地利用的问题,迪拜王储想到了一个方法,那就是向海洋争取陆地,这样一来,海滩的游客就可以被分流了。

可是造一个什么样的海岛好呢?执行填海造陆计划的设计师们伤脑筋了。

在一个阳光和煦的清晨,有个设计师来到海边,苦苦思索着方案。迪拜是一个充满新奇元素的国际性都市,里面所有的建筑在造型上都可圈可点,作为第一个人工海岛工程,一般的设计肯定是不行的。

就在设计师一筹莫展之际,他不知不觉来到了一棵高大的棕榈树下。

当时阳光正好照在树上,给地上投下了棕榈树的巨大阴影。

设计师无意间看到放射状的树影,忽然一蹦三尺高,拍手道:"有了!有了!"

很快,一个形状为棕榈树的设计方案递交到迪拜王储的手中,并迅速得到了批准,所有人都对这一方案寄托了深切的希望,认为这将是迪拜建筑史上的一大奇观。

如今,这项工程已经差不多将要结束,自从它出现之日起,就被人们称为"世界第八大奇迹",它因何能获此殊荣呢?

先看一下它的组成:它由朱美拉棕榈岛、阿里山棕榈岛、代拉棕榈岛和世界岛这四个岛屿群构成,整个群岛计划建造1.2万栋别墅和1万多所公寓,另有100多个豪华酒店及主题公园、餐饮娱乐设施。

如果这些都没什么稀奇的话,棕榈岛上将建成一座与迪拜大小相当的主题公园,这也意味着迪拜的海岸线将增加720千米,届时迪拜的版图将会今非昔比。

其次,棕榈岛是建在海水中的,而且它的主体全部由砂粒堆成,仅比海面高出3米。

虽然项目经理雄心勃勃地说："我们要让迪拜沙滩上的每一粒沙子都物尽其用!"但海岛若真用陆地上的沙子堆砌的话,相信用不了多久就会被海水冲垮了。

工程队是如何解决这一难题的呢?

工人们从海底淘来了较细的砂粒,然后给海岛的主体底部进行打钻,当主体震颤时,砂粒就会下陷,工程队便及时在上方填补砂粒,直到砂粒不再陷落,这样海岛的地基就稳固了,不用再害怕地震与飓风的侵袭。

工人们一口气造了三座棕榈岛,后来迪拜王储有了一个更疯狂的想法:他要堆造一座全世界最大的人工群岛,并做成世界地图的模样,名字就叫"大世界"。

在迪拜,只有想不到的,没有做不到的,世界岛工程很快启动,一共花了5年时间完成,共有300个人工岛,各岛屿间隔50～100米,用了3000万吨岩石和3亿立方米的沙,整个方案没有用到任何人造或化学材料。

王储似乎已经对棕榈岛造上了瘾,他们又在阿里山棕榈岛的旁边造了一个面积8100万平方米的滨水岛,这将使得迪拜的海岸线再增加130千米。

棕榈岛方案从开动到完工,长达十余年之久,整个群岛是世界最大的陆地改造项目之一,岛屿伸入阿拉伯海湾5.5千米。由于工程实在浩大,其中的朱美拉棕榈岛甚至在太空中都能看到,将其称为"世界第八大奇迹",可谓是实至名归。

棕榈岛局部图

扫一扫
获得棕榈岛档案

第三章

让遗憾留在岁月中

英格兰巨石阵是古代狩猎场所，还是外星人基地？

　　一千年前，英国的一位神父外出传教，在经过伦敦西南方一百多千米的阿姆斯伯里村庄时，忽然听到当地人说附近有一处建筑特别神奇，而且是上古遗迹，从远处望去就能令人心生敬畏。

　　神父顿时好奇心大起，他请当地一个农夫带路，要去参观那座建筑。于是，农夫就带着神父来到一望无际的原野上，一个巨大的石阵赫然映入神父的眼帘，让他顿时非常吃惊。

　　只见众多长方形的巨石围成一圈，构成了一个奇特的景观，一些巨石的顶部还加盖着横石，类似于古代的房屋结构。

　　"啊！神迹啊！"神父连连惊叹，差点就跪倒在地上。

　　他回到伦敦后，给这座建筑取了个名字——巨石群，也就是如今人们口中的巨石阵，他还四处宣传巨石阵，让整个英格兰都知道了这一神圣的所在。

　　没多久，科学家们就来到了巨石阵的周围进行研究，他们发现巨石阵是由很多三门石构成的。

　　所谓三门石，就是两根平行竖立的石柱上方横架着一根石板，这些石柱都有30～50吨重，真不知道古人是怎么将巨石运到这里来的。

　　疑问随之而来，这座巨石阵究竟有什么用途呢？

　　科学家们在巨石阵旁挖出了很多人骨和动物的骨头，他们认为这里曾经是古人的墓地或者祭祖的场所，那些动物则是祭祀用的祭品。

　　到了当代，科学学家们又有了惊人的发现，他们通过对巨石阵的石环和土环的结构计算，宣称可以观察到太阳与月亮的十二个方位，并推断出日月星辰在不同季节的起落位置，所以巨石阵有可能是古人的天文台。

　　公元2008年4月，英国考古学家通过对巨石阵石块的分析，得出了那些巨石的大致年龄，原来巨石阵已有4 300年的历史了，比埃及金字塔还要早700年，在那个年代，英格兰的祖先们有那么渊博的天文学知识吗？

　　况且，如果要建造坟墓和祭坛，也用不着搬来那么巨大的石头吧？要知道，巨石阵所在的地区是广袤的平原，根本就没有石头的存在，想要搬运这些数量庞大而又重量惊人的巨石，要去遥远的威尔士山区采掘，这对古人来说是非常艰巨的工程。于是,有人提出了一个新奇的观点:巨石阵最初并非古代神庙,而是一个狩猎场所。

在上古时代,人们仍靠打猎与采集食物维生,可是平原上的动物实在太少了,因此食物短缺是常有的事,让各部落的人经常饿肚子。

为了帮助狩猎,各部落通力合作,从远方搬来了巨大的石块,高高地竖立在辽阔的平原上,人们还让巨石间留有一定的空隙,这样野兽就能被顺利赶进石阵中了。

可惜的是,石块过于巨大,搬运起来非常艰难,后来人们逐渐学会了在平原上种地,也就不再需要靠捕猎维生了,巨石阵建了一半,就没再进行下去。再往后,人们将祖先的尸体埋在巨石阵下,这里便成为一个公共墓地。

这或许就是巨石阵的真正由来,这些巨大的石块在历经四千多年的风吹雨打后,已经倾毁大半,另有一些石头消失不见了,让巨石阵丧失了最初的宏伟面貌。但是,这座古老的建筑仍旧散发出神圣的气息,让今日的人们无不折服,于是有越来越多的人继续投入到巨石阵的研究中,年复一年探究着它的奥秘。

巨石阵档案

建造时间:4 300 年前。

地理位置:距离伦敦西南 100 多千米远的索尔兹伯里平原。

外形:最外圈是一个直径为 90 米的圆沟;沟外堆积着挖出的土方,土方的内侧有 56 个等距离的圆坑;石阵中央是砂岩阵,似马蹄形,马蹄形的开口正好对着仲夏日出的方向。

石柱数量:30 根。

巨石重量:30～50 吨。

高度:7～10 米。

直径:30 米。

同类建筑:在英国的各地,共有 130 个巨石阵,没人能知道这些巨石阵的由来。

天文意义:巨石阵的主轴线、通往石柱的古道与夏至日清晨初升的太阳在同一条直线上;有两块石头的连线与冬至日日落的方向在同一条直线上;在石阵入口处有 40 多个柱孔,排成六行,可能表示了六个太阴历的时间。

地位:英国最重要、最神秘的历史遗迹之一。

米诺斯王宫里有没有牛妖？

在希腊神话中，有一个著名的牛妖故事。

相传，在美丽的爱琴海最南端，有一座神秘的岛屿，叫克里特岛，岛上有一位米诺斯国王。他在当政期间有点烦，因为他娶了一个与神物白牛私通的妻子。

为了惩罚妻子，国王命令建筑师在王宫里造了一座永远都走不出去的迷宫，然后将皇后关在了迷宫里。

谁知皇后怀孕了，生下了一个牛头人身的怪物米诺陶洛斯。

怪牛喜欢吃人，米诺斯国王就让雅典人每九年送七名童男和七名童女过来做祭品，幸好雅典王子忒修斯去岛上杀了怪牛，才让雅典免除了灾祸。

英国考古学家亚瑟·伊文思

自从怪牛死后，米诺斯王宫就迅速衰败了，到最后没有人知道它的下落，于是有人说：毕竟是神话，哪里有什么牛妖存在呢！

于是，大家信以为真，以为米诺斯王宫是一座虚构的建筑。

直到19世纪末，王宫才露出了端倪。

公元1882年，英国考古学家亚瑟·伊文思拜访了德国考古学家海因里希·谢里曼，后者因为发掘出了希腊神话中的特洛伊古城而闻名于世。

这次会面让伊文思受益匪浅，他第一次听说了迈锡尼文明。

伊文思兴奋地想："人们都以为特洛伊不存在，可是谢里曼把它挖掘出来了，说明神话中的描述是正确的，那么米诺斯王宫说不定真的出现过呢！"

想到这里，他激动不已，在第二年向管辖克里特岛的土耳其政府申请发掘克里特，可是土耳其政府拒绝了他的请求。

伊文思不死心，他来到雅典，在这座城市里游历了十年，终于发现了一些奇特的符号。懂的人告诉他，那些符号来自克里特岛。

伊文思觉得自己终于找到了迈锡尼文明存在的证据,他再次向土耳其政府发出申请。

可喜的是,这一次,伊文思如愿以偿。

公元1900年3月,米诺斯王宫终于浮出水面,它位于岛屿北面的克诺索斯遗迹之下。

伊文思并不相信有关押怪牛的迷宫存在,他认为米诺斯国王生性残暴,一定是很多敌人的眼中钉,所以国王倒是极有可能造一座攻不进去的城堡。

但是没有发掘到最后一步,谁都不能否定怪牛的存在,也许神话里说的是真的呢?

在伊文思的带领下,考古工作有条不紊地进行着,各种门厅、长廊、阶梯依次出现在众人面前,而后是国王和王后的寝宫,以及有宗教意义的双斧宫等。

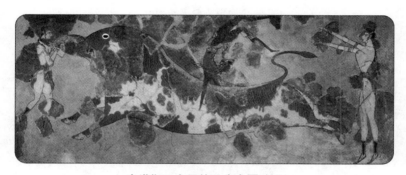

米诺斯王宫里的跳牛杂耍壁画

伊文思最终发现,虽然王宫的地下并没有迷宫,也就是说,神话中的牛妖只是个传说。但是王宫结构复杂,看起来随意组合,却是暗藏技巧地有机安排,建造者确实花费了一番心思。

他画出了遗址的平面图,看到所有的房间与通道纵横交错,各有各的功能,因此形状也各不相同,而且王宫建在丘陵之上,地势高低起伏,导致每个房间的结构更是千差万别。

此外,由于添设了天井来进行通风和采光,王宫的空间构造更加繁复,但令人惊讶的是,众多楼层紧密相接,通道巧妙衔接,让建筑群最终成为一个封闭的整体,真的是不是迷宫,胜似迷宫啊!

王宫曾经被一次大地震损毁,米诺斯人又重新在废墟上建了一座更大更漂亮的宫殿。

　　但遗憾的是,到了公元前 1500 年,米诺斯人不知何故,竟然抛下这座雄伟的宫殿而去,从而导致米诺斯文化也迅速被淹没在历史的长河中,实在是令人惋惜。

米诺斯王宫复原图

米诺斯王宫档案

建造时间:公元前 2100 年—公元前 1800 年。

面积:2.2 万平方米。

地理位置:克里特岛北面、距海边 4 千米的古代都城克诺索斯。

结构:围绕一个 1 200 平方米的中心院落铺开四翼。

层数:5 层。

房间数:1 000 多个。

特色房间:

1. 世界最早的露天剧院:在宫殿大门的西北角,有一个长方形的露天剧场。

2. 御座之室:位于中心庭院的西面,是一个中间被涂成红色的祭堂,祭堂北面有一把靠背很高的石膏宝座,该房间被称为"地下世界恐怖的法庭"。

3. 鹧鸪之室:位于御座之室的对面,房屋中有一面墙上绘有彩色鹧鸪的壁画,由于采用了特殊工艺,这些壁画看起来绝对不像 3 500 多年前绘制的。

4. 世界最早的抽水马桶:位于浴室旁边,座位约有 57 厘米高,厕所外有一个倾斜的蓄水池,以便冲洗。

损毁原因:公元前 1470 年前后,桑托林火山爆发,将克里特岛上的文明毁灭,城市和宫殿也被泥沙所掩埋。

阿尔忒弥斯神庙因何毁在了一个疯子手上？

古希腊人是充满智慧的，他们在自己的土地上建成了许多著名建筑，其中有些建筑更是位列"世界七大奇迹"之中，千秋万代为人们称颂。

在这些奇迹中，有一座阿尔忒弥斯神庙，它比雅典卫城的帕提农神庙还要大，是古希腊最大的神庙之一，也因此成为当时人们心中的圣殿。

阿尔忒弥斯神庙规模空前，由很多长度超过 8 米的巨大石块建造，在当时落后的技术条件下，想要建这么一座宏伟的建筑，难度可想而知。

神庙的建筑师伽尔瑟夫农在工程启动时，因为压力过大，差点到了自杀的境地，好在他突发灵感，用沙袋垒起斜坡，这才顺利牵引巨石向上安置。

经过伽尔瑟夫农的不懈努力，神庙终于初具规模，120 年后，它傲然屹立在以弗所东北角的一座高山上，在天地之间彰显着它的神圣光辉。

没想到，公元前 356 年，一个疯子潜入了神庙中，一把火将这座举世闻名的建筑烧了个精光。其实，纵火者并非精神有问题，他只是被成名的欲望扭曲了心理。在七月的一个深夜，他手持火石，在神庙周边淋上火油，然后狞笑着向神庙扔出点燃的火把。

大火很快将大理石神庙包裹住了，火势越来越旺，将半个城市的天空映得一片绯红。

熊熊烈火很快引起了人们的注意，大家都惊叫起来，张罗着救火，纵火犯有点心虚，赶紧逃之夭夭。

巧合的是，就在那个晚上，一个伟大的生命诞生了，他就是征服了欧亚广大地区的马其顿国王亚历山大大帝。

后来，人们无不惋惜地说："阿尔忒弥斯女神一定是忙着照顾刚出生的亚历山大，结果连自己的神庙都来不及营救了！"

那个放火的家伙在逃走后就后悔了，他之所以要火烧神庙，无非就是想让自己出名，可是眼下他避过了众人的追捕，还有谁会认识他呢？

好在女神终于满足了他的愿望，不久后他就被逮捕，面对着愤怒的人群，他居然笑了。

他微笑地宣称，自己名叫黑若斯达特斯，因为一直以来默默无闻，极度渴望"名扬千古"，才做出烧毁神庙的事情。他还高兴地说，就算是坏事，出了名也比不出名好啊！

阿尔忒弥斯神庙今天的面貌

看来此人真的是个疯子,他很快被处死,但他的目的达到了,他的名字永远留在了史书中,并且永远和"世界七大奇迹"之一的阿尔忒弥斯神庙联系在一起。

由于神庙在人们心中的地位举足轻重,当地政府又在神庙的废墟上重建了一座更大的殿堂。

可惜,新神庙仍旧逃不过悲惨的命运。

公元 262 年,哥特人入侵了以弗所,将殿内的宝物掠夺一空,神庙本身也遭到了严重破坏。

又过了一百年,基督教传入小亚细亚,神庙失去了重修的理由。

到了 5 世纪初,东罗马皇帝奥德修斯二世将神庙视为异端场所,下令拆除。就这样,这座宏伟的建筑从此消失,到如今只剩下了一根柱子。

阿尔忒弥斯神庙档案

建造时间:公元前 652 年。

别名:艾菲索斯。

地理位置:小亚细亚西岸城市以弗所的东北处。

性质:为纪念希腊神话中的月亮与狩猎女神阿尔忒弥斯所建。

长度:125 米。

宽度:60 米。

高度:25 米。

面积:6 300 多平方米。

石柱:每根高 20 米,底部直径为 1.59 米。

石柱数:126 根。

结构:神庙三面环绕着两排巨大的圆柱,中心神龛之上没有屋顶,以便人们入殿后能仰望天空。

雕饰:正门入口处的 36 根柱子上刻有装饰性的浮雕,这些柱子上另刻有 40～48 道浅凹槽;其他柱子上也环绕着一条装饰性的中楣,柱顶有狮头模样的喷水器,屋顶还有三角楣饰。

镇殿之宝:拥有世界上发掘出来的最古老、最完整的阿尔忒弥斯神像,该神像现存以弗所博物馆中。

地位:古代世界七大奇迹之一、柱式建筑的典范。

宙斯神庙如何见证了古希腊的毁灭？

古希腊是西方文明的起源，它兴起于公元前 9 世纪，400 年后达到鼎盛时期，涌现出了大批哲学家、艺术家和科学家。

可想而知，当时的希腊经济实力相当雄厚，而虔诚的希腊人将自己所拥有的一切归功于神祇，他们感谢众神之首宙斯对自己的无尽厚爱，就齐心协力在奥林匹亚造了一座宙斯神庙。

谁都没有想到，这座神庙竟然见证了古希腊的衰落与毁灭。

公元前 5 世纪，宙斯神庙开工了，建筑师李班担任设计，雕塑家菲迪亚斯则负责雕刻神庙中最重要的宙斯神像。

宙斯与赫拉

菲迪亚斯很用心地雕刻着神像，他刚从雅典逃亡过来，内心正充满着不安和恐惧，眼下奥林匹亚人这么信任他，实在是让他感激涕零。

原来，菲迪亚斯是政治家培里克里斯的至交好友，他在雕刻帕提农神庙的雅典娜巨像时，被诬陷盗用了塑像用的宝石。为了不让好友因自己而名誉损毁，菲迪亚斯只好离开雅典，来到了希腊南部的奥林匹亚。

菲迪亚斯大概不知道，因为他的努力，宙斯像竟然成为日后的世界七大奇迹之一，只可惜的是，这尊被象牙、黄金和各种宝石所包裹的塑像最终还是没能保存下来。

当菲迪亚斯准备塑造神像时，他郑重地沐浴更衣，然后跪倒在神庙的门前，向苍天祈祷："宙斯神啊！您同意让我来打造您的塑像吗？"

他紧闭双眼，默默地祷告，忽然间，天色大变，蔚蓝的空中转瞬间乌云密布，接着几道紫色的闪电就猛然劈下来，击中了神殿的辅道，让工人们吓了一跳。

在淅淅沥沥地降了一阵雨后，阳光重新又回到了人们的头上，这时大家惊讶地发现，刚才被霹雳击中的辅道竟然裂开了一道缝隙。

"这是宙斯神生气了吗?"工人们惊慌失措。

唯有菲迪亚斯镇定自若，他大声地安慰着大家："不要慌! 这是宙斯神在回应我们，要我们将神庙建得更好!"

于是，众人信以为真，拿出十二万分的劲头去修建神庙，却没有人料到，宙斯的闪电预示着一个无言的结局。

建筑师们勤恳地工作了 20 年，终于将神庙建造成功，而宙斯的神像则造了 8 年，神像一造好便被摆放进了神庙中，供民众膜拜祈祷。

由于宙斯是古希腊的众神首领，所以神庙完工后，大量的希腊人涌进庙中，向宙斯祈福，于是，宙斯神庙在极短的时间内就成了一座远近闻名的建筑。

神庙在希腊骄傲地屹立了 500 年后，灾难发生了。

公元前 1 世纪初，罗马人攻占了雅典，成为地中海的霸主，古希腊灭亡。当时，古罗马的指挥官苏拉率领大军进入来到奥林匹亚后，被宙斯神庙的雄壮所折服，他命令士兵拆下神庙的石柱等建材，搬运回罗马。

当他进入庙中，看到浑身闪着绚丽光泽的宙斯神像时，更是惊奇万分、目瞪口呆，他将这座雄伟的塑像掠至君士坦丁堡。

可惜的是，在公元 462 年，这尊相当于如今四层楼高的塑像毁于战火中。虽然遭到罗马士兵的严重破坏，可是宙斯神庙仍有一部分得以保留，就如同希腊文明，虽然遭到罗马帝国的残暴毁坏，却也得到了后者的传承。

到了公元 551 年前后，奥林匹亚发生了一场特大地震，神庙立在地面上的剩余部分几乎全部倒塌，随后到来的洪水又将奥林匹亚和神庙埋在厚厚的淤泥底下，古希腊文明至此销声匿迹。

宙斯神庙想象图

扫一扫
获得宙斯神庙档案

56 佩特拉古城是怎样被发现的？

在 2000 多年前，中亚出现了一个神秘的民族，他们就是纳巴泰人。

没有人知道他们的来历，他们却能在一夜之间控制了阿拉伯半岛上的所有绿洲，并建立起一个令人惊奇的城市佩特拉，其实力不容小觑。

纳巴泰人以商业为主，他们用经济扩张着纳巴泰王国，让国土一直延伸到红海和地中海岸边。但是无论他们走到哪里，始终将佩特拉作为自己的都城，这也让无数西方人对佩特拉好奇万分。

后来，纳巴泰人遇到了罗马人，一下子被打得落花流水，然后在一夜间，他们竟消失得无影无踪，仿佛从未在世界上出现过，这又成了一大历史谜题。

随着纳巴泰人的失踪，佩特拉也销声匿迹，再也没有人找到它的踪影。直到 19 世纪初，一个名叫约翰·贝克哈特的探险家做出了一次惊心动魄的尝试，才让这座古城重新为人们所熟知。

贝克哈特是个阿拉伯文明的狂热粉丝，他本来要去非洲研究尼日尔河的源头，但是旅程中需要穿越阿拉伯国家，就索性在约旦和叙利亚住了一段时间，向当地人学习阿拉伯的语言和饮食习惯，时间一久，他越来越像个阿拉伯人了。

贝克哈特对《圣经》中的人物亚伦怀有崇高的敬意，他听说亚伦的墓地在约旦的一个谷地里，便突然萌生出要探访亚伦墓的想法。

他不知道，那个谷地里正藏着封闭千年的佩特拉，而十年前，一个德国学者曾因试图溜进佩特拉而被当地的贝都因人杀害。

不过，贝克哈特深知贝都因人对陌生人怀有敌意，因此他蓄起长须，穿上阿拉伯人的衣服，将自己打扮成本地人，竟然一路上没有遭到任何怀疑。

他找到了一个贝都因人，对其说："我叫艾布拉罕·依布·阿布道拉，想去拜访亚伦墓，你能带我去吗？"

对方完全把贝克哈特当成了一个伊斯兰教的学者，点头答应道："我会尽我的所能，你放心吧！"

于是，向导带贝克哈特走过沙漠中狭长的西克峡谷，来到一座高耸的山上。

这时，贝克哈特的下巴差点没吓得掉下来。

他看到一座红色的城市依山而建，仿佛是嵌在岩石上一样，众多石窟构成了庞大的楼群,在阳光的照射下发出玫瑰色的光芒,宛若人间仙境。

"天啊,我竟然不知道这里隐藏着如此古老的城市!"贝克哈特在心中感慨不已。

不过他表面上仍旧不动声色,怕把贝都因人吓到。

向导带着贝克哈特参观了法老的宝库和亚伦墓,此时贝克哈特的头脑中忽然灵光一闪,他猜测自己现在所处的城市正是纳巴泰王国的首都佩特拉。

尽管这个发现让他兴奋不已,但由于害怕被识破身份,他只在佩特拉逗留了一天就匆匆离开了。

回到欧洲后,贝克哈特向很多人描绘了自己在佩特拉的所见所闻,立即引发了欧洲人的兴趣,千年古城佩特拉这才又重新成为世界瞩目的焦点。

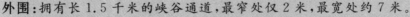

佩特拉古城档案

建造时间:公元前 9 年—公元 40 年。

别名:玫瑰红城市。

性质:纳巴泰王国首都、古代商旅休息的中转站。

得名:佩特拉几乎全部雕凿在悬崖峭壁里面,而在希伯来语中,"佩特拉"就是岩石的意思。

面积:20 平方千米。

地理位置:约旦首都安曼南部

佩特拉古城

的沙漠中,位于 1 千米的高山上。

外围:拥有长 1.5 千米的峡谷通道,最窄处仅 2 米,最宽处约 7 米。

神奇之处:城市的色彩呈玫瑰红色,此外还有淡蓝、橘红、黄、绿、紫等颜色,看起来五彩斑斓。

景点:

1. 卡兹尼,意思为"金库",传说里面收藏着历代国王的财宝。

2. 女儿宫,传说当年有建筑师将水源引入佩特拉,国王便以公主和该宫殿相赠。

3. 剧场,用石头雕凿而出,可容纳 6 千人。

衰落原因:商路改变而导致城市不为人知。

地位:约旦最有名的古迹区之一、世界新七大奇迹之一。

仰光大金寺曾遭受过怎样的劫难？

去过缅甸的人一定不会错过仰光大金寺这个景点，这座赫赫有名的寺庙是缅甸的骄傲，也是东南亚最有特色的建筑之一。

相传，大金寺是一对商人兄弟兴建的，当时兄弟二人获得了佛祖的八根头发，不禁欣喜万分，准备在缅甸建造一座寺庙来供奉佛祖的宝物。

缅甸国王闻讯也积极配合他们，最终，兄弟二人在仰光找到了一座圣山，将该地定为建寺的最佳地点。

他们小心翼翼地拿出头发，这时奇异的景象发生了。

那些头发散发出耀眼的光芒，天地万物都被照得一清二楚，盲人遇见光，立刻复明；聋子遇见光，能听到声音；哑巴遇见光，也能开口说话了。

甚至天国的须弥山也受到影响，天上的奇珍异宝如同雨点一般纷纷落下，喜马拉雅山上终年冰封的雪域也开出了鲜艳的花。

缅甸全国都震惊了，大家虔诚地将寺庙修好。

从此，大金寺就成为众人膜拜的圣地，直到今天，它也依旧是国际性的佛教名寺。

可是很少有人知道，大金寺身为佛祖宝物的供奉之所，竟接连遭遇不幸，难道说，寺庙也得像修行者那样，经历苦难而后修成正果吗？

大金寺在建成后的很长一段时间里，因为得不到维修而败落，14—15世纪，缅甸数位国王为其进行重建，使得塔顶越来越高，达到了98米。

令人惋惜的是，公元1768年仰光发生了一场大地震，金色的塔顶毁于一旦，1个世纪后，缅甸王敏东才为大金寺捐赠了新的塔顶。

除了自然灾害外，掠夺者的入侵也曾经是大金寺挥之不去的梦魇。

公元1608年，葡萄牙探险家布里托来到大金寺抢掠，把达摩悉提王捐赠的重达300吨的大钟掳走。

这个布里托一点都不识货，他抢走大钟只是为了铸造大炮，结果佛祖没有让他如愿，大钟在布里托横渡勃固河的时候掉进水里，从此消失无踪。

2个世纪后，英国占领了大金寺，将其作为英军的要塞和司令部。

英国人对寺庙破坏严重，有一个军官甚至为了挖弹药库，把好端端的一座塔给掘出了一个巨大的地下室。

此外，英国人也看上了寺里的大钟，他们抢走了一个公元1779年铸造的钟，并试图运往加尔各答。

佛祖看到这种情形，肯定会摇头叹息了，于是再度让大钟掉进了河里。

英国人使用了各种办法，就是没办法把钟捞起来，最后他们只能求助于当地人。

缅甸民众提出要求：英军如果肯修复大金寺，他们就帮忙捞钟，英国人同意了。

于是，当地的老百姓潜入河底，成功地让大钟浮出水面。

英国人可能觉得大钟搬运起来太麻烦，就没再把钟运走。这座命途多舛的钟也因此受到了人们的重视，钟面上铺有20千克的黄金，看起来十分奢华耀眼。

公元1852年，第二次缅甸战争爆发，英国人再度侵占了大金寺。这一次，寺庙被占领了长达77年，直到公元1929年，英军才从大金寺撤离。随后的20年中，缅甸国内的起义风起云涌，最后脱离了英国控制，宣告独立。

直到这时，大金寺才迎来了它真正安宁的幸福时期。

仰光大金寺档案

建造时间：公元585年。

别名：瑞大光塔，"瑞"是缅甸语中"金"的意思，"大光"代表缅甸。

组成：中心为1座状似倒置巨钟的大金塔，周围围绕着68座木制或石建的小塔，塔内都放着玉石雕刻的佛像，大金塔左方另有一座清光绪年间建造的中国风格的福惠寺。

高度：112米。

塔基：115平方米。

所用黄金：7吨多，大金塔的塔身还贴着1 000多张纯金箔。

金铃：1 065个。

银铃：420个。

其他装饰：塔顶有1 260千克重的金属宝伞，镶嵌有7 000颗红蓝宝石、翡翠和金刚石，其中有一块重达72克拉的金刚钻，举世罕见。

地位：缅甸国的象征、世界知名佛塔。

世界上最大的庙宇在哪里？

它不在四大文明古国，也不在欧洲，而在东南亚的柬埔寨，它历经四百多年的修建，规模空前，却在一夜之间消失得无影无踪，直到 19 世纪才被欧洲探险家发现。

公元 13 世纪末期，元帝国野心勃勃地向东南亚扩张领土，先后占领了安南和占城，又想入侵真腊。

真腊在如今的柬埔寨境内，由于天气炎热，且毒蛇猛兽很多，元军未能顺利攻入真腊。

于是，元朝政府改派一支使团来当说客，说服真腊皇室归顺。

公元 1295 年，元朝在温州招募到一批知识分子，组成招抚人员，于次年 6 月出发，沿湄公河北上，前往真腊。

船队过了一个月才抵达目的地，当他们交涉完毕后，风向变了，使团中没有航海技能特别强的人，所以使团只能留在真腊，等来年再归。

在出使的人当中，有一位叫周达观的文人，他非常善于观察，反正时间充裕，他就将真腊的建筑、宗教、语言、风俗、风景全部记录下来，回到中国后写成了一本游记——《真腊风土记》。

没想到后来真腊灭亡，周达观的书成为研究真腊的重要文献。

公元 1819 年，法国学者雷慕沙将《真腊风土记》译成法文出版，顿时轰动全国。法国探险家亨利·穆奥立刻对吴哥窟产生了浓厚的兴趣，40 年后，他来到吴哥窟，开始了他的探险之旅。

亨利雇了一个当地向导，两人用锋利的砍刀劈开密密麻麻的荆棘和藤蔓，艰难地向着森林深处走去。

走了五天后，他们离村镇越来越远，向导害怕了，不肯再往前走，亨利只好独自前行。

不久后，他看到了五座宛若盛开的莲花般巍峨壮观的石塔，他目瞪口呆地望着眼前的一切。

就这样，吴哥窟在这次的探索中，第一次呈现在世人面前。

　　吴哥窟是吴哥文明的产物,它曾盛极一时,为何突然之间就湮灭了呢?这让很多科学家疑惑不解。

　　到了当代,科学技术已经发展得十分先进,考古学家终于可以凭借激光、雷达从空中对吴哥窟等数个高棉遗迹展开精密的调查。

　　一开始,科学家以为吴哥窟毁于人们的滥砍滥伐,可是吴哥窟是迅速消失的,而且这座城市非常大,即便是战争也不能马上摧毁它。

　　科学家们又认真观看了地图,他们惊讶地发现,在吴哥窟附近分布着众多不规则的"蓄水池",从水池的形状来看,应该是陨石坑。

　　于是,大家猜测,在吴哥文明的繁荣时期,不巧有一颗陨石在城市上空爆炸了,陨石碎片如炮弹一样密集地砸入高棉帝国,将方圆几公里的生命悉数摧毁,并且在地面上留下了几十个直径达两百米左右的圆坑。

亨利·穆奥画笔下的吴哥窟

吴哥窟的浮雕

密林中的吴哥窟

扫一扫
获得吴哥窟档案

　　至此,吴哥窟不再有人居住,吴哥文明被参天的密林所掩盖,最终成为一个令人心驰神往的遗址。

欧洲最早的有顶木桥去哪里了？

公元 1993 年的 8 月，瑞士琉森正是阳光明媚的好时节，到处都是鸟语花香，罗伊斯河上泛起数艘大小不一的船只，让水面荡漾起清澈的碧波。

古老的卡佩尔桥伫立在河面中央，这座桥是欧洲最早的有顶木桥，桥上保留着很多 17 世纪的彩绘，是一座非常漂亮的古桥。

廊桥内的绘画

卡佩尔桥

不过，人们最喜欢的，还是在桥身上挂满五颜六色的鲜花，从河岸上望去，卡佩尔桥似一条长长的花廊，也因此得了一个美丽的名字——花桥。城里的许多小情侣都喜欢来到桥上谈情说爱，感受这一份浪漫气息。

在木桥的桥头，是圣彼得教堂，因此卡佩尔桥又被称为"教堂桥"，桥身折了两道弯，在桥身中部的弯曲处，立着一个八角形的水塔，塔与桥错落有致，看起来别有一番韵味。

可是令众人没想到的是，就在当月，一个重大的失误破坏了罗伊斯河上的宁静，并给卡佩尔桥造成了难以挽回的损失。

那一天，一艘满载着燃油的货轮想从卡佩尔桥下驶过，船员们忙碌了一天，都有点精疲力竭，眼看着夕阳落山了，大家都焦急起来，希望能早点赶回家。

当船即将驶入桥底，舵手却有点分心，和其他船员聊起天来。

结果,船身重重地撞在了桥桩上,发出一阵沉闷的响声,脆弱的木桥瞬间断裂,破碎的桥体劈劈啪啪地向船身猛烈砸来。

或许是碰撞燃起了火星,船上的燃油被引燃,火焰顿时将卡佩尔桥迅速包裹起来。

船员们见情势不妙,纷纷跳水,可惜木桥没办法自救,只能任由大火吞噬自己。

岸上的人们看到木桥着火,都非常惊讶,他们赶紧前来救火。在桥边的人企图用河水浇灭火焰,可是他们旋即发现当水浇到火焰上时,火苗冒得更高了,还差点把自己的性命赔了进去,都愁地不知如何是好。

最后,消防员到来,才把火势压了下去,可惜这时木桥已经严重被烧毁,桥上那些美丽的绘画变得乌黑一片,再也不复往昔的光彩。

民众非常惋惜,这座桥是每个人童年的回忆,如今却沦为废墟,怎能不让人心痛呢?

所幸桥旁的八角水塔没有受到火灾的波及,琉森政府决定在卡佩尔桥的原址上重新建造一座有顶木桥,试图让欧洲最古老的木制桥重新焕发出生机。

于是,今日人们所看到的卡佩尔桥,有三分之二已经不是 700 年前的建筑了,而当年桥上每隔几米就有一幅的彩画,如今也仅剩 110 幅。

尽管如此,当地人仍旧将卡佩尔桥视若珍宝,每到夏天人们都会在桥身外侧种满天竺葵,使卡佩尔桥依旧成为罗伊斯河上的一道亮丽风景线。

卡佩尔桥档案

建造时间:公元 1333 年。

重建时间:公元 1993 年。

长度:200 米。

别名:花桥、教堂桥。

结构:横跨罗伊斯河,有两个转折点,桥身中央有一座 34 米高的八角水塔,用来存放战利品和珠宝,曾有一度也被用作监狱和行刑室。

彩画:现存 110 幅,均绘于 17 世纪,讲述琉森的历史和英雄故事。

地位:欧洲最早的有顶木桥、瑞士最美丽的城市琉森的象征性建筑。

马丘比丘遗址有没有藏着印加人的黄金？

这世上所有的探索，都归功于人类的好奇心，对探险家来说，更是如此。

19世纪末，美国一位名叫海勒姆·宾海姆的男孩出生了，他从小就对西方探险故事情有独钟，总幻想着哪一天自己也能发现一块新大陆。

有一天，他无意间看到了一张印加悬索桥的照片，他听说在神秘的南美洲，有一座已经消失的印加古城，便顿时来了兴致，发誓长大后一定要去找到那座印加遗址。

后来，宾海姆成为耶鲁大学的教授，他仍旧对印加传说念念不忘，便在公元1911年组建了一支探险队，来到秘鲁境内勘查。

当他们途经乌鲁班巴峡谷时，一位农民告诉探险队员，在水源上游有一座废弃的城市，距今已有500年了。

宾海姆一听，内心不禁狂喜，他早在数据中了解到，安第斯山脉中藏着印加国王躲避西班牙殖民者的古城堡——维卡巴姆巴。

据说，国王在逃难时，携带着大量的黄金，这也就意味着，这些黄金可能就藏在那里！

当宾海姆将自己的推理告诉队员时，大家都抑制不住激动的心情，谁不渴望黄金呢？没想到这次探险居然还有如此收获！

第二天，探险队就早早地踏上了寻找古城的道路，他们雇了当地的盖丘亚人做向导，一起向着丛林进发。

一行人整整走了一天，刚开始大家还在平原上行走，但后来就开始往山上爬，最后简直是在悬崖峭壁上攀登。

尽管困难重重，宾海姆和其他人还是干劲十足，是啊，大量的金子唾手可得，有什么理由放弃呢？

最终，所有人都爬到了山顶上，他们还没来得及擦拭汗水，眼前的一切就让他们惊讶极了。

这是一座恢宏的城市，建在山顶的平地上，很明显，印加人将高耸的山尖削平了，然后在空地上建筑了巨大的城池。

宾海姆让当地人把纠缠在一起的藤蔓枯树全部砍掉，然后对探险队员们说："这是一个重大的发现，我们需要长时间的整理和探索。"

队员们无不同意他的说法。

在接下来的几年中，队员们都留了下来，一方面清理古城，另一方面也为了心中的黄金梦。

结果，古城中众多的瓷器、遗骸和岩石被一箱一箱地运出了秘鲁，有些人确实搜到了一些金银珠宝，但比起传说中的金库来，实在是小巫见大巫了。

难道说，这座城市并非维卡巴姆巴？

后来，经过科学证实，此城确非印加国王的避难地，它的名字叫马丘比丘，曾是印加帝国的政治和商业中心。它距离印加都城库斯科只有 130 千米，但印加国王在逃亡时，并没有想到借住在这里。

探险队有些失望，只好放弃寻找黄金的想法。

他们的出现，使马丘比丘遗址遭到一定程度上的破坏，至今为人们所诟病。

不过，他们让一座与世隔绝的城市重新为世人所知，也算是一桩好事了。

马丘比丘遗址档案

建造时间:公元 11 世纪。

地理位置:乌鲁班巴河谷之上，安第斯山最难通行的一座山峰之上。

海拔:2 350 米。

得名:"马丘比丘"的意思为"古老的山"，也被称为"失落的印加城市"。

建造原因:印加国王认为马丘比丘的背面极像印加人仰望天空的脸，而城市边缘的最高峰"瓦纳比丘"则酷似印加人的鼻子。

居住人数:最多 750 人。

性质:印加贵族的乡间休养场所。

构成:位于西部的神圣区、位于西南的公共场所区和位于东北的生活区。

马丘比丘遗址

保护:公元 1981 年秘鲁将马丘比丘周围的 3.26 万公顷土地划为"历史保护区"，以避免马丘比丘因地质构造的缺陷而面临下陷和坍塌的危险。

地位:世界新七大奇迹之一、世界为数不多的文化与自然双重遗产之一、秘鲁最受欢迎的旅游景点。

圣弗朗西斯科教堂为何有一半在地底下？

在葡萄牙中北部，有一座名叫科英布拉的城市，城中有一座一半埋在地下的圣弗朗西斯科教堂，教堂因此显得十分矮小。

为什么建造者要把教堂的一半建在地下呢？

原来，圣弗朗西斯科教堂之所以会建成，是因为一段凄凉的爱情故事。

在 14 世纪中叶，葡萄牙国王阿方索四世为自己的儿子堂·佩德罗王子安排了一门亲事，对方是西班牙卡斯蒂利亚王国的一个贵族之女。

按照以前的规矩，小姐出嫁，会有很多贵妇前来陪同，于是，奇妙的缘分发生了，王子与未婚妻的好友伊内丝一见钟情，二人很快就如胶似漆，离不开彼此。

王子发誓这辈子只爱伊内丝一个人，他还跟伊内丝私订了终身，可是他又不敢忤逆父王的命令，只好采取了迂回的策略，即先按照父亲的意思娶了自己的未婚妻。

难得伊内丝对王子一往情深，不介意王子的婚姻，王子更加觉得伊内丝温柔体贴，再加上一点愧疚，促使他抛开原配，经常与伊内丝私会。

都说爱情会让人丧失理智，佩德罗王子对情人的爱意渐浓，再也不想偷偷摸摸地幽会了。

他把伊内丝带到葡萄牙中北部的城市科英布拉，公开与之同居，还生下了两个儿子。

王妃长期受丈夫冷落，内心孤苦，在生下一个孩子后就郁郁而终了，王子却无半点忧伤，反而兴奋不已，因为这样一来，他终于可以将伊内丝明媒正娶了！

孰料，这个提议遭到了阿方索四世的强烈反对。

因为伊内丝那个没有血缘关系的弟弟若奥一直在利用姐姐的关系，请求佩德罗王子的帮助，若奥想参与西班牙的王位争夺战，而且伊内丝又是现任卡斯蒂利亚国王的私生女，参加叛乱可谓名正言顺。

王子被说得动了心，眼看着就要举兵攻入西班牙。

阿方索四世得知消息后大怒，他想来想去，觉得伊内丝是个红颜祸水，如果没有她，王子就不会被搅和进西班牙的这浑水里来，唯今之计，是越早除去伊内丝越好。

于是，国王派人去找王子，说有一个重要任务要交给王子。

王子深信不疑，匆忙离开了科英布拉，结果伊内丝马上被国王抓住，并执行了死刑。

行刑当日，伊内丝泪如雨下，她不停地呼唤着佩德罗王子的名字，让所有人动容,后来,行刑地就被命名为"泪水庄园"。

王子听说情人被处死,悲痛欲绝,他一怒之下起兵造反,迫使国王退位,并杀掉了当年迫害伊内丝的大臣。

接着,他命人挖出伊内丝的尸骨,让其穿上皇后的盛装戴上皇冠并命令所有大臣亲吻伊内丝已经腐烂的双手。

大臣们不得不照办,他们这才惊恐地发现,当新国王陷入爱情中,他会变得这么疯狂。

佩德罗一世

圣弗朗西斯科教堂

转眼 200 多年过去了,佩德罗与伊内丝的故事依旧流传,有人就在泪水庄园前盖了一座圣弗朗西斯科教堂。

没想到,教堂刚建好,就屡遭洪水侵袭,时间一长,地基都下陷了,教堂有一半竟被埋在了地下。

长久下来,教堂实在没办法使用,只好被废弃了,如今它孤独地伫立在科英布拉市区,看起来仅有两三层楼房那样高。

不过人们还是没有忘记关于它的悲伤故事,一到下雨天,就会说:"那是伊内丝在流泪呢!"

圣弗朗西斯科教堂档案

建造时间:公元 16 世纪初期。

地理位置:葡萄牙中北部城市科英布拉的泪水庄园附近。

性质:原本是皇族的祈祷堂。

优点:在教堂所在地可以俯瞰到整个科英布拉的全貌。

其他景点:教堂边的泪水庄园如今已改成酒店,而庄园后面的花园有一处泪泉,传说正是伊内丝最后一次哭泣的地方。

威尼斯叹息桥因何得名?

在意大利的威尼斯,有一座封闭式的拱桥,它建在两栋建筑的中间,桥身非常短,看似貌不惊人,实则却是威尼斯最著名的景点之一。

它名叫叹息桥,因一个悲伤的故事而闻名。

叹息桥之所以得名"叹息",是因为它连接着总督府和监狱,当罪不可恕的犯人被总督府判刑后,需经过叹息桥进入另一头的监狱。这意味着他们除了可以在桥上最后看一眼外面的世界,今后的人生就只能在黑暗中度过了。

更何况有些人一入监狱的地下室,就立刻被判处死刑,永远停止了呼吸。

人生短暂啊!为何以前没有好好珍惜!当犯人们从桥上透过精致的窗棂往外看时,总会发自内心地叹息一声,时间一久,这座桥就被命名为"叹息桥"了。

有一天,一个青年男子也被判了重刑,他这辈子都不可能再从监狱里出来了。当押送官带着他往叹息桥上走时,他的内心充满了悲哀,在一瞬间,他想起了很多事情。

对于自己所犯下的罪行,他非常后悔,也知道要付出相应的代价,可是他仍旧对人世间恋恋不舍,他难以想象当自己离开后,他的情人会过着怎样的生活。

当他来到叹息桥的中央时,已经能清清楚楚地看见监狱的铁栏杆了,他的脚步变得异常沉重,终于,他忍不住哀求道:"让我再看一眼外面的世界吧!"

押送官是个好心人,他了解这些囚犯的心理,就严肃地说:"可以,但时间不能太长!"

男子叹了口气,转身面对着大理石建造的窗户,透过雕刻成八瓣菊花的窗棂,最后看了一眼这个世界。

没想到,他看到了这辈子最不愿见到的画面:在叹息桥下,是一条清澈的小河,威尼斯人时常乘着尖尖的贡多拉小船经过桥底,其中不乏很多情侣,他们唱着欢乐的歌曲,讲着绵绵的情话,丝毫没有察觉桥中的人们用怎样羡慕的眼神看着他们。

眼下,就有一对情侣坐在船上,两个人双唇热烈地碰撞着,宛若四瓣海棠花,并紧紧地拥抱在一起,仿佛拥抱了整个世界。

叹息桥

"啊！这不可能！"桥上的男子爆发出痛苦的怒吼声,他声泪俱下,疯狂地抓着窗棂,想要将窗户掰碎,好让他立刻跳下桥去,去质问情人为何会背叛他。

押送官发现情况不对,想赶过去制伏情绪失控的囚犯,可是为时晚矣,犯人猛然撞向大理石窗户,将白色的桥身染成了红色的海棠花,而自杀的男子也沉重地倒在了地上,再也没有醒过来。

此事传出去后,叹息桥由一个黑暗的场所摇身一变,成为人们心中的爱情圣地。

天长地久,大家似乎都忘了桥上曾经发生了一个怎样悲哀的故事,只记得叹息桥的爱情寓意了。

民间开始流传起这样一个传闻:只要情侣在桥下接吻,他们之间的爱情将会永恒。

叹息桥档案

建造时间:公元 1603 年。

地理位置:威尼斯圣马可广场附近的运河上。

外形:拱形,除了两面各有两扇大理石窗户,其他部位完全封闭,如同一个小厢房。

风格:富丽堂皇的巴洛克式。

桥边建筑:左端是威尼斯总督府,该建筑如今已成为一座艺术博物馆;右端是威尼斯监狱,是一座当时几乎没有囚犯能活着出来的石牢。

类似建筑:英国剑桥的叹息桥,据说该桥是因为很多学生考试没有通过,毕不了业,来到桥上叹息流泪而得名,它也是一座封闭的石桥。

为什么说泰姬陵是一座未完工的建筑？

印度的泰姬玛哈陵是很多人心目中的圣地，因为在它的身上，凝聚着一个流芳千古的爱情故事。

泰姬·玛哈尔陵，顾名思义，就是为印度皇后泰姬所建造的陵墓，但是有多少人知道，虽然这座陵墓规模宏大，却依然是个半成品。

那么，它为什么没继续建造下去呢？

这还得从泰姬·玛哈尔陵的起因说起。

15世纪末，一个波斯穷姑娘来到印度，与印度国王贾汉吉尔谱写了一篇充斥着权力与阴谋的爱情史话，她就是努尔皇后。

后来，努尔的侄女玛哈尔嫁给了王子沙贾汗，正所谓青出于蓝而胜于蓝，两人的爱情故事比老一辈更加感天动地，让全世界都为之羡慕。

玛哈尔有着波斯血统，她年轻漂亮，性情温柔，在19岁成为沙贾汗的妻子后，就获得了丈夫的无上宠爱。

沙贾汗的眼里只有玛哈尔，他封玛哈尔为"宫廷的皇冠"，翻译成中文就是"泰姬"。

泰姬玛哈尔

夫妻二人伉俪情深，在19年的时间里共养育了十四个孩子，平日里形影不离，连沙贾汗南征，泰姬也要跟着去。

可惜军旅生活太艰苦，而泰姬又怀孕了，公元1631年，沙贾汗的大军在返回首都阿格拉的途中，泰姬难产而死，留给沙贾汗的，是一个嗷嗷待哺的小女儿。

沙贾汗悲痛欲绝，他做梦也没有想到爱妻会用这种方式与他告别，为此消沉了好久，最终决定为妻子建造一座绝美的陵墓，这样才能配得上泰姬那美丽的容颜。

从此，皇帝不再管理朝政，转而沉迷于泰姬·玛哈尔陵的设计工作，他容不得一丝纰漏。

两年后，当陵墓的图纸拟定之时，他的头发竟全部熬白了。

沙贾汗从欧洲、伊朗、中国和自己国内征集了众多艺术家与工匠，开始建造这

奥朗则布

座举世无双的泰姬陵。

工程一共进行了 22 年，在这期间，沙贾汗荒废国事的后果日益明显，他的几个儿子为了王位，斗得你死我活。

公元 1657 年，沙贾汗病重，王子们再也按捺不住，彼此间兵戎相向。

最后，三王子奥朗则布打败了两个哥哥，夺取了王位，还将父亲沙贾汗囚禁在泰姬·玛哈尔陵对面的阿格拉堡内。

后来，奥朗则布又处决了帮助自己登上皇位的弟弟古吉拉特，只因为后者对他囚禁父亲表示了不满。

就这样，沙贾汗每天只能在禁闭自己的八角塔楼上深情凝望前方的泰姬·玛哈尔陵，回忆前尘往事，总让他忍不住潸然泪下。

沙贾汗本来打算泰姬·玛哈尔陵完工时，在亚穆纳河的对岸用纯黑的大理石为自己打造一个与泰姬·玛哈尔陵一模一样的陵寝。届时两座陵墓之间的桥梁也是一黑一白，这样的话泰姬·玛哈尔陵就圆满了，而他与泰姬的爱情也将如这两座建筑一样，无法被摧毁。

可惜，宫廷政变让沙贾汗的愿望成了泡影。

9 年后，沙贾汗带着遗憾病故，他的小女儿知道父亲对母后一往情深，就将沙贾汗的遗体埋葬在泰姬身边，终于让这对恩爱的夫妻再次团圆。

泰姬·玛哈尔陵

扫一扫
获得泰姬·玛哈尔陵档案

圣保罗大教堂的世纪婚礼有多盛大？

圣保罗大教堂是英国的著名建筑，位列世界五大教堂之一，可想而知它有多雄壮宏伟。

这座教堂自古以来就在欧洲举足轻重，特别是在公元 1981 年，它更被全世界人所熟知。

当年，英国发生了一件怎样的盛事呢？

原来，那一年的 7 月 29 日，英国的查尔斯王子和戴安娜王妃在圣保罗大教堂里举行了一场隆重的婚礼。

那场婚礼被称为"世纪婚礼"，它的豪华程度可见一斑，尽管如今二人劳燕分飞，而且戴妃也香消玉殒，可是要谈论起当时戴妃结婚的场面，仍旧令人心驰神往。

那么，圣保罗教堂里的世纪婚礼究竟有多盛大呢？

在这场婚礼举办前，查尔斯王子与戴安娜王妃的婚礼就已经是万众瞩目的焦点，查尔斯是未来的王位继承人，戴安娜则是英国赫赫有名的贵族后裔，两人的结合一度被认为是天作之合。

当然，没有人知道，这一对新人之间早已产生了裂隙，两人甚至想在婚前取消与对方的婚约。

如果他们早点这么做，就不会发生后来的悲剧了，但"世纪婚礼"也就不会存在了。

在婚礼当天，电视台全程进行了跟拍，英国广播公司用 33 种语言向全世界直播了婚礼，有七亿多观众在电视机前观看了这一盛况，光这一点，就足以让人惊叹了。

那么，为何要将婚礼定在圣保罗大教堂呢？

因为英国王室宣布，这场婚礼是三百多年来第一位英国王储与英国贵族小姐的结合，所以要特别认真地对待。

于是，在 400 多年的时间里，英国王储第一次将圣保罗教堂当成了自己的结婚礼堂，并将教堂内布置得富丽堂皇，让全世界的民众都叹为观止。

早在婚礼前一天，无数的英国人就在婚礼礼车通往教堂的街边蹲守，连沿路建筑物的高层窗口也站满了人。当天共有一百多万人前来观看婚礼，而且他们之中的很多人还花了不少钱,才得到了一个看热闹的好位置。

到了早上九点钟,教堂的钟声响起,约 2 500 名英国名流和外交使节进入教堂,等待新人的到来。

上午十时多,皇室成员离开白金汉宫,前往教堂。

查尔斯与戴安娜的马车走在车队的最后,王妃不断挥手,微笑着向民众示意,王子则身穿海军指挥官的军服,他的前胸斜挎着一条蓝色的装饰性肩带,看起来十分英俊潇洒。

车队走了近一个钟头,戴安娜王妃披着乳白色的塔夫绸拖地婚纱与王子踏上教堂的红毯,六名小花童尾随在她身后,那情景宛若仙子坠入人间。

她的裙摆足足有 7.6 米长,婚纱上镶着一万多颗手工缝制的珍珠和珍珠母亮片,看起既圣洁又璀璨。

婚礼上的大蛋糕足足有 27 个,33 年后,这些蛋糕中的一块被一名收藏家以 1 375 美元竞拍得到,尽管蛋糕已经无法食用,可是依旧有人趋之若鹜。

婚礼的红毯从教堂最里面一路铺到街道上,足足 50 米长,整场婚礼耗资 3 千万英镑,是全球最昂贵的婚礼。排名第二的是公元 2008 年的丹麦王储婚礼,可是后者才花费了 3 500 万美元,远远不能跟前者相比。

其实,在戴安娜婚礼期间,英国的经济正在走下坡路,很多人失业,生活艰难,可是王室却仍旧要动用巨资打造豪华婚礼,足见对这对新人寄予了深切希望。

所有人都在欢呼和鼓掌,电视台的解说员则激动地语无伦次,不停感叹婚礼像一场美丽的童话,而此时童话成真了!

可惜人们没有料到,童话并不是事实,婚礼上的那一对新人很少有眼神交流,彼此间的触碰也带着尴尬。

后来,两人婚姻果然不幸以分手告终。

但圣保罗大教堂却因为世纪婚礼而名气大增,成为游客最想去的景点之一。

扫一扫
获得圣保罗
大教堂档案

如今,这座教堂已打上了戴安娜王妃的烙印,成为一段辉煌历史的见证。

虎穴寺为什么要建在悬崖上？

很多寺庙都建于高山之上，但全球唯有一座寺庙是建立在巍峨陡峭的悬崖之上的，虽然听起来很疯狂，但它确实留存到现在，它就是不丹的虎穴寺。

为什么不丹人要把寺庙修建在悬崖峭壁上呢？

他们是为了纪念莲花生大士。

莲花生大士出生于印度，他从小就热衷佛学，而且刻苦钻研，后将佛法从印度带入不丹、西藏等地，成为雪域高原人心目中的第二大佛。

据说在公元8世纪时，大士骑着一头雌虎飞到不丹的帕罗山谷中，在高高的达仓悬崖边，他找到了一处洞穴，在洞内修行了3年3月3星期3天零3个小时。

当时，山上有一群妖魔鬼怪作祟，妖怪们听说来了一位高僧，就起了捉弄之心，想把莲花生大士赶走。

他们潜入大士修行的洞穴，想抓住大士，不料翻遍洞里洞外，却看不到一个人影，只在洞中发现了一株硕大的白莲花。

妖怪的头领觉得好奇，走近莲花仔细端详着花瓣。

忽然间，白莲迅速变大，竟将头领包进了花蕊中。

众妖大吃一惊，连忙对着莲花刀砍斧劈，甚至想烧断花茎，却始终无法让白莲受一丝损伤。

这时，莲花突然开口说话了："我可以放开它，但你们要保证今后不得在此作恶！"

妖怪们知道白莲是莲花生大士所变，纷纷下跪，请求大士原谅。

莲花生大士像

于是，白莲徐徐绽放，将妖怪头领放了出来，众妖履行诺言，从此不再危害百姓。

不丹民众为此十分感激莲花生大士，僧侣们将大士修行的洞穴视为圣地，经常来此修行。

一千年后，藏人进攻不丹，当攻到帕罗山谷时，夏宗法王带领军队击退了敌兵。

法王抬起头,向着大士修行的洞穴方向望去,心中感慨:一定是莲花生大士庇佑,我军才能取得胜利啊!

于是,他就想在洞穴旁建一座寺庙,来纪念大士,寺名就叫虎穴寺。

可惜的是,法王筑造过无数的佛教建筑,却没能在悬崖峭壁上将虎穴寺建起来,直到他离开人世,心心念念的寺庙也依旧只是个梦。

数十年后,不丹的新王丹增·拉布杰继承了法王的遗志,继续在悬崖上营造虎穴寺。

这一次,愿望终于成真了,虎穴寺依傍着险峻的悬崖而建,当云雾缥缈的时候,它仿佛一座难以抵达的仙境。

可惜的是,这座百年寺庙在公元 1998 年的一个深夜,竟遭来横祸,被一场原因不明的大火严重烧毁。

整个不丹为此痛惜不已,一度禁止游客再进入寺内参观。

如今,新的虎穴寺已经建成,并于公元 2005 年重新开放,它在崇山峻岭间如同一颗明亮的珍珠,继续在天地间熠熠生辉。

虎穴寺档案

建造时间:公元 1692 年。

重建时间:公元 1998 年。

海拔:3 千米。

得名:莲花生大士乘飞虎来此,又在该地的洞穴中修行,故称"虎穴寺"。

结构:依山而建,寺门前有一处飞瀑,在寺庙大殿的地板上有一入口,下方就是莲花生大士修行的洞穴。

神奇之处:

1. 据说很多第一次去虎穴寺的人,都会无故上吐下泻,不丹人把这种情况称为"拍浊",称这样游客才能获得新生。

2. 寺里有一尊莲花生大士的怒形化身——多吉卓洛,当年虎穴寺被火焚烧,唯独这尊佛像完整无缺地保存了下来。

地位:世界十大超级寺庙之一、不丹最神圣的佛教寺庙。

依山而建的虎穴寺

圆明园毁在谁的手里？

"公元1860年，英法联军洗劫了圆明园，将这座拥有150年历史的恢宏园林用大火付之一炬。从此，圆明园便成了一片废墟。"这是我们小时候从教科书里学到的故事。

在英法联军火烧圆明园后，园林被破坏大半，但并未彻底毁灭殆尽，那时园中尚有一部分保存了下来。

在同治十二年，皇帝派大臣对圆明园的残余景点进行整理汇总，内务府出了一份调查报告，告知朝廷，包括廓然大公、紫碧山房、鱼跃鸢飞、正觉寺等十多个亭台楼阁依旧完整，另有大量的名贵花木、假山名石、道路桥梁、园墙院门，此时只要对圆明园加以修葺，这座庞大的园林依旧可以重新焕发出生机。

可惜清政府已经被外国殖民者搞得焦头烂额了，又怎会腾出精力来维修圆明园呢？

公元1900年，八国联军攻陷北京，外国侵略军再一次对圆明园动了歹心，但一些中国的土匪也盯上了这块"生财之地"。

结果，除绮春园宫门有庄户保护，没有遭到破坏，其余残存建筑全部被土匪拆毁，运到清河镇出售。

那些珍贵的古树也不幸遭殃，被连根拔起，只因为人们想造家具而已，甚至作为建筑地基用的木桩也不能幸免。

经此一劫，圆明园元气大伤，而在清朝灭亡后的数十年间，园林继续受到轮番的掠夺，每一次都让其加倍破败不堪。

在园中的树木逐渐稀少之时，劫匪和军阀又看中了园内的方砖条石、汉白玉雕刻、太湖石等石料。

这些石头被用作修筑官僚的私人园林和陵墓，连虎皮石围墙都被用来维修道路。

每一年，上百辆大卡车会陆续开进圆明园，将大批石料往外运输。

当局政府也认为圆明园已经是一座废园，不如将里面的可用之物贡献出来，以做他用。

于是，铜麒麟、丹陛石、华表、文渊阁碑、兰亭碑等物先后被移至颐和园、燕京大学、北京图书馆、中山公园、正阳门和新华门。

公元 1928 年,大水法遗址的石料被用于修建绥远烈士纪念碑,如今,教科书上仍有大水法残迹照片,却没有告知大家:这些石头之所以会如此稀少,并非全是侵略军的罪过。

在公元 1940 年前后,圆明园中的小山丘被挖掉,河湖被填成平地,农民们开始在园中种植蔬果。

到后来,农民再度涌入圆明园,进一步将园林改造成农田,此时圆明园中仅存的建筑物全部被破坏,园墙也全被推翻,甚至连唯一的一棵花神庙古树也被砍掉。

"文化大革命"时期,圆明园再一次遭受打击,到了公元 1975 年,各种工厂、养殖场也搬到园林里。幸好一年后,政府开始保护圆明园,并成立了管理处,开始恢复和整修景区的建筑。

公元 1988 年 6 月 29 日,圆明园的几个重要景区得到基本的修缮,并对外开放,而它为了这一刻,竟然等待了整整 120 年之久。

圆明园档案

建造时间:公元 1709—1850 年。

性质:康熙皇帝赐给儿子雍正皇帝的园林。

美誉:万园之园。

面积:16 万平方米,其陆上建筑面积比故宫还多 1 万平方米,水域面积与颐和园相当。

景点:原有 150 多处。

别名:夏宫,因清皇室每年盛夏都会到这里处理政务。

主要组成:圆明园、长春园和万春园,因此也叫圆明三园。

风格:模仿江南园林的结构布置,并仿造西方建筑修建楼房,形成独特的中西相容风格。

水面景区:圆明园后湖景区有九座岛,象征"九州岛",夏日可在此赏河灯,冬日结冰后皇帝可坐冰床在水上游玩。

文物数量:150 万件(已被掠夺)。

花草:四季开花植物都有,不计其数。

地位:曾是世界上最大的博物馆、艺术馆,世界著名皇家园林,清朝最大的园林。

颐和园因何成了幽禁皇帝的监狱？

颐和园是中国北方的著名皇家园林，也是中国目前保存最完好的园林，自它建成之日起，清朝历代皇帝都会来此消夏，饱览园中的极致美景。

到了光绪年间，颐和园却摇身一变，成了幽禁皇帝的居所，这大概是光绪皇帝所没有想到的。

公元 1898 年，光绪帝在颐和园的玉澜堂召见了袁世凯，当时光绪正在筹备戊戌变法，他希望袁世凯能推动变法成功。

谁知袁世凯是个滑头，他一方面表示效忠皇帝，另一方面却偷偷向慈禧太后上奏，说光绪帝身体抱恙，不宜处理朝政，请太后再度训政。

这些话正中慈禧下怀，她心想："光绪啊，既然你对我不仁，别怪我对你不义了！"

于是，她立刻从幕后跑到台前，将光绪帝幽禁在瀛台，后来又将其软禁至玉澜堂。

因为担心光绪帝与政客仍有来往，慈禧在玉澜堂的周围砌起高高的砖墙，连通往别处的后门也被砖石堵死，正门由太监整日守候，真正地把皇帝当成了囚犯。

光绪帝读书像

从此光绪帝内心凄苦无比，他虽贵为皇帝，每天却只能守着那方寸之地，仰望天空而哀叹。

他就像一个不用戴镣铐的囚徒，无法与外面的世界接触。

为了消磨时间，这个傀儡皇帝就只能以书法怡情，而在艰难时刻，他更加思念死去的珍妃，每当忆起两人的欢乐时光，总忍不住潸然泪下。

玉澜堂虽然是光绪的寝宫，但陈设却极为简单，只有 105 件器物，而且大多是家具，很少有古董饰物。

慈禧太后虽然远在紫禁城，但她仍然关注着光绪帝，命太监每日向自己汇报皇帝的一举一动。

此外，大臣们也都想探听到光绪帝的情况，但惧于慈禧太后的威严，不敢表达自己的想法。

公元 1908 年,慈禧太后病重,在临终前的一天,她知道自己即将油尽灯枯,可是光绪帝仍值壮年,还有东山再起的机会。自己这一死,光绪帝必然会重掌大权,届时新的变法又将展开,自己这一番操劳便成了无用功。

于是,她下令毒死光绪帝,导致光绪帝在她离世前 20 小时不治身亡,死时年仅 37 岁。

清朝灭亡后,政府对玉澜堂进行了修复,保留了早期的"书堂"和晚期的"寝宫"特点,按照乾隆时期的布置,将宝座、御案、围屏等陈设还原。

这些家具都是乾隆时的原件,宝座、香几上都有紫檀木和沉香木的精美雕刻花纹,是颐和园家具中的精品。

如今,清王朝早已消失,但颐和园仍在,它屹立在北京城的西北角,用一如既往的秀丽之姿为人们讲述着百年前的沧桑往事。

颐和园档案

建造时间:公元 1750—1764 年。

面积:2.97 平方公里。

建筑面积:7 万多平方米。

美誉:皇家园林博物馆。

组成:万寿山和昆明湖,其中水域占了颐和园面积的四分之三。

构成:以佛香阁为中心,建有百余座经典建筑,包括石舫、苏州街、十七孔桥、大戏台等。

院落:20 多处。

古建筑:3 555 座。

古树:1 600 多棵。

文物:现存 4 万多件,近代被八国联军抢掠 3.7 万件。

大事件:

公元 1890 年,颐和园东宫门外建立小型发电厂,使颐和园第一次亮起电灯,同时该电厂也是北京最早的发电场所。

公元 1898 年,光绪帝赴颐和园 12 次,与维新人士会面,开始戊戌变法,期间慈禧一直住在颐和园,谋划阻止变法。

公元 1900 年,八国联军侵占北京,大肆抢掠颐和园中的宝物。

公元 1928 年,颐和园成为国家公园,对外开放。

地位:中国保存最完整的皇家园林。

大英博物馆最大的遗憾是什么？

说到博物馆，有一座建筑不能为人们所遗忘，它规模宏大、收藏无数，是博物馆中的集大成者。

它就是大英博物馆，收藏界中的顶级典范。

大英博物馆自 18 世纪中期开放，一直致力于收集全球的文物古玩，但有谁知道，即便它藏品无数，却仍有遗憾呢！

要说最大的遗憾，当属公元 1845 年发生的一起文物破坏事件。

这年 2 月 7 日的一个下午，一位两眼布满血丝，看起来阴郁暴躁的年轻人来到博物馆，他东张西望，对着每一个古董看两眼就仓促离开，似乎憋了一股劲似的，那模样颇有"我想与你吵架"的气势。

此时，正值伦敦最冷的时节，警卫们都聚在火炉边取暖，谁都不愿守在空旷而寒冷的展览厅里，也因此没有想到，悲剧即将发生。

当展厅里的那名年轻人来到一把陶壶面前时，他没有离开，而是屏住呼吸，伸长脖子，死死地盯着陶壶上的浮雕，仿佛要把它吞了一样。

突然，年轻人大喝一声，掏出怀中暗藏的一把尖刀，发疯般对着陶壶周边的玻璃屏障砸去。

只听"呼啦啦"一阵巨响，屏障应声而碎，年轻人再度尖叫着，他举起刀，毫不犹豫地冲着陶壶砍去。

有人迅速将情况转告给了警卫，警卫们大吃一惊，赶紧离开温暖的房间，拼命向展厅跑去。

可惜还未等他们靠近肇事者，年轻人就已经将陶壶砍成了两百多块碎片。

博物馆中的专家对此痛心疾首，因为被损坏的陶壶距今已有 1 800 多年的历史，是英国的汉米尔顿爵士从罗马获得的，因为他将其转让给波特兰德公爵夫人，因此该壶又被称为"波特兰德壶"。

大英博物馆从公爵夫人处借来展示，没想到会发生这种事。

波特兰德壶是博物馆的古代美术品中最优美的藏品之一，如今却彻底被损毁，连专家都回天乏力。

警方很快派出人力，制伏了砸陶壶的年轻人，罪犯对自己的罪行供认不讳，并称自己是都柏林圣三一学院的学生。

然而，警方在随后的调查中发现，罪犯说了谎，他只在圣三一学院读了几个月的书，而后就辍学回家，他的名字叫威廉·劳埃德，十九岁，国籍爱尔兰。

在公众一致的谴责声中，有少数社会学家为劳埃德辩解称，当时的爱尔兰正处于大饥荒中，国民生活愁苦，社会动荡不安，这个年轻人也许因此而内心忧郁，因而做出了过分的事情。

大英博物馆大中庭

大英博物馆门口

犯人也在法庭上这样说道:"这个星期我实在是心烦意乱,就是想要发泄一下,当我走进博物馆时,变得很兴奋,觉得非要破坏一下才行。"最后,法庭判处他劳动两个月,并罚款 3 英镑,但犯人穷到只剩 9 便士,所以他被关进了监狱。

一位好心人替犯人缴纳了罚款,所以年轻人只服刑了两天就被释放了。

大家纷纷猜测那位做好事不留名的人是谁,最后普遍认为是波特兰德公爵。

大英博物馆的馆长得知此事后立刻给公爵写了一封道歉信,而公爵很快回了一封充满仁爱的信件,他指出馆内的警卫应负有不可推卸的责任,同时劝众人原谅那名年轻人,谁在年轻的时候没有犯过错呢?

大英博物馆档案

建造时间: 公元 1753—1759 年。

面积: 6 万～7 万平方米。

藏品: 800 多万件。

陈列室: 100 多个。

别名: 不列颠博物馆、英国博物馆。

地理位置: 位于英国伦敦新牛津大街北面的罗素广场。

起源: 公元 1753 年,英国的汉斯·斯隆爵士在去世前立下遗嘱,将自己私人收藏的 7 万多件藏品和大量植物标本、书籍、手稿全部赠给国家,政府因而创办博物馆来收藏爵士的藏品。

藏品来源: 英国本土、埃及、巴比伦、古希腊、古罗马、印度、中国等古老国家。

镇馆之宝: 埃及罗塞塔石碑、中国馆内的唐朝摹本《女史箴图》。

奇特藏品: 公元 1760 年收到了一根被海狸啃过的树干和一块类似面包的化石,另有《简·爱》作者夏洛蒂·勃朗特追求数位教授的情书及她大骂《傲慢与偏见》作者简·奥斯汀的信笺。

地位: 世界规模最大的博物馆。

勃兰登堡门为何会如此倒霉?

在德国的首都柏林,有一座巨大的城门,名叫勃兰登堡门,它是德国的象征,每天都会吸引大量游客前来参观。

勃兰登堡门是为庆祝德意志帝国的统一而建,可是令德国人没想到的是,十几年后,德国反而遭受了一次又一次的分裂,而勃兰登堡门也从此交上了霉运。

拿破仑率领军队通过勃兰登堡门,进驻柏林

当年,普鲁士国王腓特烈·威廉二世下令筑造一座雄伟的古典城门,因此门通往勃兰登堡,所以被称为勃兰登堡门。

德国的知名建筑师卡尔·歌德哈尔·朗汉斯仿照古希腊柱廊式风格,将勃兰登堡门设计成了一个多柱结构的凯旋门。

光有建筑还不够有气势,著名雕塑家戈特弗里德·沙多又打造了一组青铜雕塑,置于门中央的顶部。只见四匹身材飞扬的骏马拉着一架双轮战车,车上站着一位拥有双翼的和平女神,她手持饰有月桂花环的令牌,权杖的顶端是一只展翅欲飞的雄鹰,整座雕塑增添了城门的雄壮气息。

德国人对勃兰登堡门颇为自豪,而这座磅礴的城门也让拿破仑觊觎不已。

公元1806年,普法战争爆发,当拿破仑带领法国军队经过勃兰登堡门时,他忍不住赞叹道："德国人怎么配拥有这么好的建筑！"

他非常羡慕，于是下令将城门上的女神塑像拆下来，作为战利品运回巴黎。

德国人对此是敢怒不敢言，好在八年之后，反法同盟军在滑铁卢大败拿破仑，普鲁士人要回了塑像，重新将其置于勃兰登堡门上。德国雕刻家申克尔为此还雕刻了一枚象征胜利的铁十字架，镶嵌在女神令牌的花环中。

"这下好了，胜利女神从此会眷顾我们了！"德国人高兴地说。

于是，和平女神变成了胜利女神，勃兰登堡门也成了胜利之门。

没想到第二次世界大战后期，德军一败涂地，苏联红军在进攻德国的过程中将勃兰登堡门严重损毁，门上的雕塑也被炸得荡然无存。

公元 1945 年，柏林落入同盟国之手，德意志帝国宣告覆灭，民主德国成立。经过战争的洗礼，勃兰登堡门终于可以喘一口气了，可是它的厄运仍旧没有结束，16 年后，新一轮的劫难开始了。

早在公元 1956—1958 年，勃兰登堡门被文物专家修复，连门上的雕塑也重新被铸造，可是象征着统一的勃兰登堡门却在几年后成了分裂之门，因为柏林修建了一道柏林墙，作为民主德国和联邦德国的分界线，而柏林也被一分为二，划成了东柏林和西柏林。

勃兰登堡门正上方的胜利女神雕像

勃兰登堡门正好位于柏林墙的延长线上，于是军队用粗厚的铁索和铁板封住了城门，又在城门的两头拉上带铁刺的丝网，阻止人们靠近。

此后的 20 多年里，德国人站在柏林墙外哭泣，他们渴望着统一，渴望能再度见到亲人，然而勃兰登堡门竟再也无能为力。

公元 1989 年的最后一天，柏林墙终于被推倒，勃兰登堡门也得以再度开放，两年后，门上的雕塑被彻底修复，它又回复了最初的光彩。

如今，勃兰登堡门以宏大的气魄迎接着四面八方来客，在它身上似乎看不到当年的战争阴影，人们也会默默为它祈祷，希望它能不再倒霉，从此顺利地留存下去。

勃兰登堡门档案

建造时间：公元 1788—1791 年。

性质：纪念普鲁士在七年战争中的胜利。

地理位置：柏林市中心巴黎广场的西侧，它的东侧是三月十八日广场和六月十七日大街。

高度：26 米。

宽度：65.5 米。

深度：11 米。

建材：砂岩。

原型：雅典卫城的城门。

组成：由勃兰登堡门与两侧的立柱大厅共同构成庞大的建筑群。

结构：由 12 根高 15 米、底部直径 1.75 米的多立克柱式立柱支撑平顶，前后柱之间砌成了墙，将门楼分为五扇大门，正中的道路最宽，为皇室成员所用，门顶中央为高 5 米的胜利女神铜像。

细节：大门内侧的墙面上雕刻有古罗马神话中的神祇，如半人半神的大力士赫拉克勒斯、战神玛尔斯、智慧女神雅典娜及艺术家和手工艺者的保护神米诺娃。

地位：德国分裂、冷战的象征。

白宫是美国权力中心，为什么会让历任总统怨气冲天？

在美国，有一座政客们梦寐以求的建筑，它是美国的权力中心，是政治家施展才华的终极场所，连宠物入住其中都会受到媒体的热烈关注，它就是白宫，美国总统办公和居住的地方。

不仅仅是政客，谁都想进白宫看看，但没有人知道，在两百年前，白宫可不那么受欢迎，总统住在里面也绝不会笑容满面，很多时候，他们都苦着一张脸。

为何会这样呢？难道白宫令那些前总统不满意吗？

公元1792年，美国第一任总统华盛顿决定建造一座总统府邸。

当年六月，一位叫詹姆斯·霍本的年轻工程师请求华盛顿将总统府的设计工作交给自己，华盛顿提出了条件：能设计好才让你担当工程负责人。

华盛顿一家

20天后，赫本拿出了自己的设计草图，华盛顿非常满意，便将府邸的建造全权交予对方。8年后，总统府终于完工，但此时它还不叫白宫，而华盛顿也没有在白宫中工作，他因此成为唯一一位没有入住白宫的总统。

第二任总统约翰·亚当斯就"幸运"多了，他将首都迁往华盛顿，并在公元1800年搬入新落成的白宫，正式开始了总统生涯。

没想到，亚当斯刚进入白宫就傻眼了，因为这栋建筑连个栅栏、院落都没有，看起来光秃秃的，十分丑陋。

总统想了想，觉得有这么大一块地方办公，倒是舒适，就没太计较。

可是总统夫人不高兴了，因为没有院子，她连晒衣服都不好晒，只能在东大厅拉了一根晾衣绳，将洗好的衣服挂在屋子里阴干。

夫人越住越生气，她写信给女儿，告诉对方："这么大的总统府，连个传唤仆人的铃铛都没有,真不知道怎么住人!"

转眼到了冬天,亚当斯总统终于也承受不住白宫的简陋了,整日抱怨。原来,白宫的人手不够,无法收集足够的木柴,加上白宫在冬天有潮气,房间里因而湿冷无比。总统一边哆嗦一边忙着处理各种文件档案,心里的煎熬可想而知,难怪他会有怨言。

此后的历任总统也跟亚当斯总统一样,一到冬天就叫苦连天,为了抵御寒冷,他们只好多砍木柴,用于驱走白宫里的寒气。

参加总统竞选的肯尼迪夫妇

所以,别以为入住白宫有多风光,在早些年,那些总统可是吃尽了苦头,他们一面抱怨,一面大力改造白宫,才让后来的总统有了一个舒适的栖身之所,真是前人种树,后人乘凉啊!

公元 1853 年,白宫安装了水暖器材,这才告别了寒冷的冬天。

后来,白宫又建立了图书馆,安装了电梯和电灯,这下总统们在白宫里的生活就更加方便了。

约翰·肯尼迪当政时,他的夫人计划将白宫变成一所博物馆,于是各地的精美家具和工艺品源源不断地被拉进白宫,将这座宫殿装饰得富丽堂皇。从白宫成为总统府邸至今的 200 多年间,这座宫殿进行了无数次翻新,终于成为美国家庭的崇高代表。

入住白宫的第一家庭也因此充满了责任感,并且为白宫带来了生机与欢乐,这里不再是当年那个怨气冲天的场所了。

白宫的南面

扫一扫
获得白宫档案

普拉多博物馆为什么放弃收藏毕加索名画？

毕加索是世界公认的艺术大师,他的画作无一不成为人们争相收藏的经典,其中的一幅《格尔尼卡》更是毕加索的顶级代表作,是博物馆中的珍品。

当年,毕加索受西班牙的委托,要为巴黎世博会的西班牙馆创作一幅壁画。

画什么题材好呢？大师陷入沉思。

就在毕加索冥思苦想的时候,德军对西班牙北部的重镇格尔尼卡发动了历时3个小时的轰炸,很多手无寸铁的百姓惨死,格尔尼卡也沦为人间地狱。

毕加索获悉此事后,悲愤地不能自已,他立刻拿起画笔,日夜不停地创作,终于使《格尔尼卡》这幅巨大的画作面世。

西方现代派绘画大师毕加索

《格尔尼卡》诞生后,立即引发了和平之士的强烈共鸣,大家久久地伫立在画前,谴责法西斯的恶劣行径,而画作也成为警示战争灾难的一种象征,随后被西班牙的普拉多博物馆收藏。

名画《格尔尼卡》

普拉多博物馆本是皇家收藏馆,为 18 世纪的建筑大师胡安·德·比利亚努埃瓦设计,最开始,它被当成自然科学馆,后来拿破仑入侵西班牙后,又改成绘画博物馆。

博物馆正门处的委拉斯凯兹铜像

公元 1819 年,费迪南七世将皇室藏品也放入该馆中,从此西班牙王室致力于从国际上购买艺术珍品,同时也提倡他人捐赠,所得藏品悉数放入馆内。

到了公元 1868 年,普拉多博物馆收归国有,改为博物馆,由于藏品太多,公元 1918 年又进行了扩建,还将两栋不与主建筑相连的楼房——"波·里提罗"画廊和"提森·波奈米萨"博物馆并入,大大增加了博物馆的面积。

普拉多博物馆已成为世界著名博物馆之一,它的豪华程度甚至可以与法国的凡尔赛宫媲美,陈列室的数量与大英博物馆相当,里面的藏品也数不胜数,而且有很多是顶级大师的作品,约为 8 600 幅。

可是博物馆却宣告放弃收藏《格尔尼卡》,并将画作转入马德里索菲亚王后艺术中心,让人百思不得其解。

普拉多博物馆里有那么多画,多一幅长七米多的《格尔尼卡》有什么问题呢?要知道,博物馆的边长有 150 米呢!

其实,大家不必有如此疑惑,因为再大的博物馆,在不扩建的情况下,也不能无限制地接纳源源不断涌入的藏品。

普拉多博物馆

一幅油画的基本大小为 0.6 米长,0.5 米宽,即便按 15 000 幅画作来计算,所有作品紧密地排列起来,就要有 7 500 米长了,而博物馆也不过就 150 米长。而长度 7 米多的《格尔尼卡》确实显得过大了,只能移居别处。

虽然痛惜地送走毕加索的名画,普拉多博物馆仍在不断地收集其他名家的画作,至今,它仍是西班牙最全面、最权威的美术馆。

普拉多博物馆档案

建造时间:公元 1738—1819 年。

地理位置:西班牙首都马德里的普拉多大道。

形状:正方形,边长 150 米。

大门:三座,北门立着戈雅塑像、正门立着委拉斯凯兹、南门立着牟利罗塑像。

素描:5 000 幅。

版画:2 000 幅。

名家画作:8 600 幅。

硬币奖章:1 000 种。

雕塑:700 多件。

藏书:30 万册。

其他藏品:两千多件器皿、家具、壁毯、彩色镶嵌玻璃窗等装饰品和艺术品。

组成:除了展厅外,还有帝王餐厅、瓷器大厅、小教堂等。

优点:有提香、拉斐尔、波提切利、鲁本斯等众多名家的真迹,尤其以戈雅的作品最为丰富。

馆藏珍品:委拉斯凯兹的《宫娥》。

其他用途:可作为报告会、音乐会、陈列会等各种文化活动的中心。

地位:欧洲三大美术馆之一(其他两座分别是罗浮宫和伦敦国家美术馆)。

门票:14 欧元,25 岁以下学生免费,晚上 6—8 点免费。

佩纳宫的童话为何背后充满忧愁？

在葡萄牙首都里斯本的西郊，有一座绝美的宫殿，它有着粉红色和黄色的色彩、宛如童话般的屋顶，又坐落在翠绿的山林之中，令每一位来访者都会惊叹它的美丽。

可是有谁知道，佩纳宫背后的故事并不如它表面那般风光，建造它的人心里面别有一番辛酸和哀愁呢！

费迪南德站在岳父佩德罗四世国王半身像的旁边

佩纳宫是葡萄牙女王玛丽亚二世的丈夫费迪南德打造的，费迪南德之所以要建筑一座如童话般迷人的宫殿，是为了给妻子解忧，让她那终日紧蹙的眉头能有一刻舒展的时候。

要说这玛丽亚女王，可真算得上没有过到一天开心的日子。

公元1828年，年仅9岁的女王回到欧洲，继承了葡萄牙帝国的王位，此时，年幼的她对国家大事并不十分明白，而国内的纷争却已经开始找上门来。

原来，早在6年前，皇室颁布了一部宪法，史称1822年宪法，后来，宪法被大宪章取代，引起民众的强烈不满。

在女王继位后，国内激进派一致抗议，要求废除大宪章，重新颁布1822年宪法。

女王对宪法一知半解，便顺着王室的意思对抗议者采取不闻不问的态度，结果又过了8年，自由主义者被彻底激怒，掀起了轰轰烈烈的九月革命，再度要求将1822年宪法合法化。

优柔寡断的女王急得团团转，由于想不出切实可行的办法，她竟和保守派一起做出了一个令群众更加愤怒的决定：要用葡萄牙的一个海外殖民地换取英国的出兵，来镇压起义。

民众不敢相信自己的耳朵，对"叛国"的女王更是不能原谅，于是冲突升级，国内爆发了几次大规模的起义。

公元 1838 年，罗西奥惨案发生，一些激进的警卫与罗西奥工厂的工人联合起来，再次与政府军发生冲突，可惜双方实力悬殊，暴动者死伤无数。

灾难让民众的情绪越发高亢，也逼得女王不得不想办法解决争端。

一个月后，在女王 19 岁生日那天，葡萄牙王室采取折中的办法，颁布了新宪法，这才让民众的抱怨和抗议逐渐消散。

此时，女王早已是筋疲力尽，她的丈夫费迪南德看在眼里，对爱妻产生了深深的疼惜之情。

她才 19 岁，为何要承担那么多！ 费迪南德暗暗叹息。

他决定为妻子建一座绝美的离宫，这样即便政治上的烦心事再多，每年夏天他们也可以在外度过一段休闲时光，或许妻子的烦恼会减轻不少呢！

费迪南德便开始选址，最终他将目光定在了里斯本西郊的新特拉镇，他开始征集能工巧匠，决定打造一座能让妻子展露笑颜的建筑。

佩纳宫门楣上的浮雕

这座宫殿就是佩纳宫。

为了使玛丽亚觉得愉快，费迪南德选择用明快的黄色、娇艳的粉红色、高贵的紫色和大气的灰色来粉饰佩纳宫，又造了如同火箭一般的尖顶塔楼，使整座宫殿如同糖果一般可爱。

此外，种满鲜花的小径、精巧的门廊、固定吊桥等别具匠心的景点，让佩纳宫随处都充满了惊喜，就连诗人拜伦在参观过宫殿后，都忍不住称其为伊甸园了！

费迪南德对佩纳宫倾注了大量的心血，由于担心爱妻不满意，所以工程进展得很慢，工人们一直修了 45 年才将其修好。

可惜女王等不到那么长的时间了。

在佩纳宫筑造期间，葡萄牙国内依旧争端不断，新首相是个独断专行的家伙，他上台不到两年就废除了新宪法，再度恢复大宪章，结果导致新一轮的革命爆发。

后来，民众的起义被镇压，首相也换了人，葡萄牙政府再也不敢做出格的举动。而玛丽亚女王难以承受这么多的变故，在 35 岁那年就去世了，此时距离佩纳宫完工仍有 32 年。

扫一扫
获得佩纳宫档案

大本钟因何得名？

英国有一座大本钟，它是该国的象征性建筑，盛名之下，想不为人所知都难。

不过有件事人们会不解：为何这座硕大的钟塔要叫"大本"呢？这名字也实在有点乡土气息呀！

其实，大本钟之所以叫这个名字，是因为它背后有一段凄美的爱情故事，多年来一直为人们所不能忘怀。

公元1840年，英国议会大厦重建，议员们提议在大厦上建一座大钟，因为伦敦有着世界知名的格林尼治天文台，大钟可以用它那磅礴的声音向大众传递格林尼治时间，这是英国人的无上骄傲。

于是，设计师登特接到了制造钟塔的任务。

可是登特却愁眉不展，因为他遇到了前所未有的难题：钟盘直径就达七米，而时针和分针也有两米以上，而且钟塔还要造四个钟面，如此巨大的钟表，实在太具有挑战性了！

见登特如此犹豫，他的儿子，二十六岁的弗雷德里克却兴奋地说："我们试试吧！"

说完，这个年轻人对着工程的策划者本杰明·霍尔爵士鞠了一躬，急切地说："登特家族愿为女王陛下效劳！"

老登特叹了一口气，知道儿子想造一个流芳千古的伟大钟表，眼下有了这么好的机会，他怎能放弃呢？

从此，登特父子就住在了工地上。

后来，霍尔爵士见两人这么拼命，深受感动，也在工地上搭起了帐篷，陪着工人们一起工作。

有一天，弥漫着呛人烟尘的工地上突然出现了一位美丽的少女，她穿着贵族的鲸骨长裙，与周遭的环境格格不入。

突然，她尖叫一声，柔弱的身躯似一棵垂柳，眼看着就要往地上栽去，而她面前竖着一条笔直的钢筋！

众人随之吓呆了，电光火石间，弗雷德里克一把抱住少女，而他的胳膊也被钢筋划伤，涌出了大量的鲜血。

180

少女吃了一惊,连忙掏出手绢为弗雷德里克包扎,当四目相对之时,两人的心仿佛同时被什么重物击中了,那一刻,春光旖旎,宛若身在天堂。

这一幕被霍尔爵士看到了,他十分不悦,原来他就是芳龄十八的少女爱玛的父亲。

回家之后,爵士厉声斥责爱玛,让女儿不要将私人物品轻易赠送给一个地位低下的工人,可是爱玛一点都听不进去,她的脑海里不断闪现着弗雷德里克的明亮眼眸,她真想尽快再见到他!

好不容易等到了第二天,爱玛雀跃地来到工地上,弗雷德里克见到她时,既惊讶又激动,两人傻傻地笑着,像品尝到了人间最甜的蜜糖。

此情此景让霍尔爵士雷霆大怒,他禁止女儿再去工地,而久未见到情人的弗雷德里克内心忧愁,在一个大雪天,他来到爵士府外,意外看到了阳台上的爱玛,两人久久地凝视着彼此,却无法靠近。

忽然,弗雷德里克想到了一个主意,他掏出怀中的一枚硬币,用爱玛送给他的丝巾包住,扔进了爵士家的高墙里。

爱玛赶紧去捡,弗雷德里克等了很久,不见爱玛出来,才失望地离去。

由于受了凉,弗雷德里克发起了高烧,钟塔的进度被迫延迟,爵士为了工程能顺利开展,只得让爱玛重新和弗雷德里克见面。

转眼间,春天到了,大钟也进入了最后的安装期,此时弗雷德里克的任务已经完成,爵士突然变脸,要这个年轻人离爱玛远一点,他还放出狠话:"你不要再接近爱玛,她马上要嫁给公爵了!"

维多利亚女王

弗雷德里克失魂落魄,沦为酒鬼,爱玛却不甘心婚姻被摆布,在一个深夜与弗雷德里克私奔了。而老登特由于没有儿子的帮忙,积劳成疾,没有将钟表全部安装好就暴病身亡。

霍尔爵士大怒,为了逼弗雷德里克回来,他在报纸上刊登老登特的死讯,并嘲笑弗雷德里克是懦夫。

三个月后,弗雷德里克终于看到了报纸,他思量再三,决定回伦敦完成大钟的施工,他也知道自己一走,就再也不能与爱玛见面了,但为了家族的荣耀,也只能如此。

公元 1859 年 10 月,大钟终于造好,弗雷德里克进了监狱,爱玛则为了情人的安全,被迫嫁给一个贵族。

维多利亚女王见钟塔造好,非常高兴,就想将这座建筑按照霍尔爵士的名字取名为"本杰明大钟"。

这时有个大臣知晓了弗雷德里克的事情,义愤填膺,就劝说女王将钟塔命名为"大本钟",取自"大不列颠日不落帝国"的"大"之意。

女王连连点头,而霍尔爵士知道大臣在羞辱自己,也只能打碎牙齿往肚里吞,强颜欢笑。

从此,钟塔就一直被命名为"大本钟",直到公元 2012 年,为纪念伊丽莎白女王登基六十周年,才改名为"伊丽莎白塔"。

大本钟档案

建造时间:公元 1858—1859 年。

地理位置:伦敦国会大厦北部。

高度:95 米。

钟表:直径 7 米,重 13.5 吨,钟摆重 305 千克。

时针:2.75 米。

分针:4.27 米。

调试:大钟每三天会失去动力,需要工人爬上去调试。

趣事:公元 2005 年 5 月 27 日,大钟突然停走一小时,据说在大钟安装之时,弗雷德里克曾将他送给爱玛的那枚硬币压在了钟摆上,而公元 1905 年,爱玛取走了那枚硬币,据说大本钟停走,是为了纪念两人的百年爱情。

特点:伊丽莎白塔是世界上第二大的同时朝向四个方向的时钟。每个钟面的底座上刻着拉丁文的题词,"上帝啊! 请保佑我们的女王维多利亚一世的安全"。

地位:英国的象征。

大本钟

布鲁克林大桥落成时为什么没等来它的总工程师？

美国是一个历史短暂的国家，但作为后起之秀，它在 19—20 世纪的发展是飞快的。

在 150 多年前，纽约开始成倍地增长城市面积，布鲁克林区成为其城区的一部分，但一条哈德逊河的阻拦，造成了市民通行的不便。

于是，一位名叫约翰·罗布林的建筑师提出了一个建议：在哈德逊河上架一座大桥，将曼哈顿与布鲁克林相连，而该桥也将成为当时世界上最长的桥梁。

由于约翰是德国移民，而且工程浩大，所以建桥的项目迟迟不能敲定。约翰为此整整呼吁了十五年，因为他的坚持不懈，布鲁克林大桥终于在公元 1869 年开工了。

可惜约翰等得太久，身体早已不如从前，就在他接下这个工程后不久，就得了破伤风，无法来到施工现场指挥工人工作。

着急赶工的约翰竟不听医生指示，拒绝接受治疗，总是往工地上跑，导致病情恶化，随即带着遗憾离开了这个世界。

约翰的儿子华盛顿·罗布林子承父志，成为大桥的新一任总工程师，他知道布鲁克林大桥在世界建筑史上有着重要的地位，因此干劲十足，每天都亲临现场，参与实际的工作中。

很快，桥桩开始打入深深的河底，罗布林身先士卒，跳入河中完成打桩的作业。

尽管他才 35 岁，却也承受不住水底的巨大压力，患上了严重的"潜水员病"。

这种病会让大脑缺氧，久而久之，人会晕眩、昏迷，等到两个桥桩都稳固地在哈德逊河上竖立起来时，罗布尔已经全身瘫痪，再也无法到达施工现场了。

可是，他依旧没有放弃，仍挂念着大桥的进展。

他的家离大桥并不远，每天他都让妻子艾米丽将他推到阳台上，用望远镜遥望大桥的工地，并口述各项指令，让妻子记录下来，再传达给工人。

为了配合丈夫的工作，艾米丽也学起了数学，并同时担任护士和总工程师助理这两个角色，她相信丈夫一定能将大桥顺利造好。

时间一天一天地过去，大桥也越来越长，有人却对此提出了反对意见，认为一个病人是不可能完成这项巨大的工程的，甚至有人造谣说，罗布林已经神志不清，无法胜任自己的工作。

由于谣言四起,大桥项目的董事会动了换人的心思,艾米丽看在眼里急在心里,布鲁克林大桥是丈夫用健康换来的,不能让别人抢走他的功劳!

艾米丽遂在纽约民众面前寻求支持,她还来到美国土木工程师协会,发表了催人泪下的演说,台下的一群男工程师深受感动,不停地鼓掌,表示对艾米丽的支持。

最终,董事会投票决定,让罗布林继续担任总工程师,直到工程竣工。

第二年,大桥终于落成,通车那天,有 15 万人从桥面上走过,大家的脸上都挂着笑,对这座当时世界上最大的大桥致以最热烈的欢呼。

然而,罗布林夫妇却没有露面,因为罗布林的身体状况已经不允许他再四处走动,直到他去世,他也未能亲自登上自己所建造的布鲁克林大桥。

19 世纪后期布鲁克林大桥画像

布鲁克林大桥档案

建造时间:公元 1869—1883 年。

长度:1 825 米。

距水面高度:41 米。

桥墩高度:87 米。

遗憾:大桥的施工期间,除了首位工程师约翰·A.罗布林外,另有 20 名建筑工丧命。

秘密:在冷战时期,美国政府由于担心遭受核打击,在大桥的桥身中建了一座储物室,储存了大量物资,不过这个秘密很快被流浪汉发现,以至于很多流浪汉前来躲在这个秘密的储藏室内。

地位:世界首座钢桥、世界首座斜拉索吊桥。

金门大桥为何会成为"死亡之桥"?

　　熟悉美国电影的朋友肯定对旧金山的金门大桥不会陌生,在夕阳余晖的照耀下,金门大桥被镀上一层浪漫的粉红色,恍如人间仙境。

　　金门大桥并非世界最长的大桥,但它经过一系列的宣传,早已家喻户晓,而且它矗立在陡峭的金门海峡之上,被誉为近代桥梁工程的一大奇迹,真的是又美又雄壮。

　　可惜,旧金山人却对这座桥并不那么喜欢,他们甚至称其为"死亡大桥",这是怎么回事呢?

　　原来,自从大桥建成后,每一年都有很多人从桥上跳下去,死者们仿佛觉得大桥是自己灵魂的安息所,都争先恐后地冲着这里奔过来。

　　平均每一年,在金门大桥上自杀的人约有200个,到了公元2007年,自杀者竟达到了惊人的1 200人。警察们对此十分头痛,他们日夜不歇地巡逻,还在桥上安装了摄像头,可是效果甚微,依然挽救不了轻生者的性命。

　　于是,那些死者的家属非常气愤,他们觉得自己的亲人之所以会选择金门大桥这个地点自杀,完全要归咎于大桥的设计者约瑟夫·施特劳斯,是他把桥设计得充满了"死亡的诱惑力",害得无数鲜活的生命被扼杀。

　　激进的家属甚至将施特劳斯的后代告上法庭,理由是没有金门大桥,就不会有人自杀。

　　该控诉让法官啼笑皆非,最终驳回了这一匪夷所思的诉求。可是施特劳斯的三个子女却高兴不起来,他们仍旧对死者抱有歉疚之情,真的以为轻生者与自己的父亲有着千丝万缕的联系。

　　为了弥补父亲的"过错",长子马丁带领弟弟和妹妹来到了金门大桥,在桥上贴满标语,企图劝解轻生者珍惜生命。

　　此外,他们还充当了大桥的保安,只要有时间,就跑到桥上巡逻,希望能阻止人们跳海。

　　可是大桥那么长,仅凭三人之力又怎能顾得过来呢?况且那些轻生的人是抱了必死的决心,他们又怎会停下脚步来看一看标语、抽出时间来思考人生呢?

　　马丁一筹莫展,最终他狠下决心,要给2 000多米长的金门大桥安装防护网,把大桥上的低矮处全部挡住。

这个想法看似简单,实则很难,因为不能妨碍金门大桥的美观,同时不能让桥身过重,否则会增加桥桩的负担,所以防护网必须轻巧透明,如此一来,所用的材料就会非常先进,因而代价巨大。

马丁没有被吓倒,他用了两个多月的时间联系接洽,终于找到一家能够生产特殊防护材料的厂商。

可是令他没有想到的是,材料费出奇高,竟要好几千万美元!

马丁三兄妹都不是富豪,他们来自工薪阶层,三人的年收入加在一起,也不过就 20 万美元。

即便如此,三人还是表示,愿意承担 750 万美元的费用。

旧金山当局了解到这一情况后,慷慨解囊,相助了一部分费用,剩下的钱就只能向公众募捐了。

兄妹三人用了四年的时间,终于筹集到第一笔 500 万的费用,并于公元 2008 年 5 月,将第一段的防护网成功安装到大桥上。

第二段的防护网则在公元 2012 年年底顺利安装,此时离马丁兄妹的目标仍有一段距离,但他们不会放弃,依旧要坚持到底。

有的民众对安装防护网的举动并不是很支持,他们觉得这是在多此一举,但马丁却说,金门大桥事关家族荣耀,自己与家人有责任维护它。

这大概就是社会责任感的真实展现吧!

金门大桥夜景

扫一扫
获得金门大桥档案

第四章

失误带来的惊人结局

76 玛雅金字塔在世界末日这天会不会发生变化？

公元前 1400 年前后，玛雅人在拉丁美洲创立了数个庞大的城市，并用石头建造出数百座神秘的建筑，其中就包括了玛雅文化的象征——玛雅金字塔。

玛雅人和埃及人一样，喜欢建金字塔，不过二者所打造出来的金字塔形状并不一样，埃及的是四棱锥形，而玛雅金字塔的顶部是正方形的神庙。不过这两类金字塔同样巍峨雄壮，而且都有精美的花纹，显示出古人杰出的建造水平。

当然，玛雅人的金字塔可不是用来装饰的，而是为了举行宗教仪式，除此之外，在墨西哥的科巴镇，还有一座特殊的金字塔，它的上面有一块石板，板上刻着一串数字"21－12－12"，没错，这就是世界末日"2012"的历史起源。

玛雅人为什么要刻下这串数字呢？

因为玛雅长历以 5125 年为一个循环，到公元 2012 年 12 月 21 日，正好是历法的最后一天。也许是为了方便记忆，他们就简单地刻下了 6 个数字，却没料到自己的这个失误导致了后人的不安，从此一个恐怖的猜测如同阴郁的雾霾，久久在人们心头盘桓。

早在千禧年时，就有人提出了玛雅人的"2012"预言，认为"无所不能"的玛雅人在告诉后人：地球将在 2012 年 12 月 21 日毁灭！

眼看着这一天即将来临，很多人都开始心慌意乱，各种不安的情绪纷纷涌现，悲观主义者甚至大把地乱花钱，因为相信"在走之前要好好地享受一番"。

不过，仍有相当多乐观的人认为末日论只是个玩笑，就在"世界末日"当天，数百名游客齐聚科巴的金字塔下，想看看世界究竟会发生怎样的变化。

"就算世界不变，至少金字塔也会有异常吧？"不少游客开着玩笑。

时间一分一秒地过去，一切都很平静，没有火山，没有地震，连狂风都不见踪影，一些人按捺不住，手脚并用地爬上塔，想近距离地接触一下记载着预言的石碑。

此情此景正好被科巴遗址的负责人看见，他赶紧阻止了这些游客的行为，并笑着说："今天可是个特殊的日子，我们还是不要破坏石碑的神圣，就在下面耐心地等吧！"

游客们羞愧地转身，重新回到塔基处，与其他人闲聊着末日的传说。

忽然，大片的乌云遮住天空，将圆圆的太阳挡得不见踪影，人们开始发出惊呼，感慨着："终于要变化了！"

在几年前,上映了一部灾难片《2012》,片中世界末日的惨状令人毛骨悚然,很多人对末日预言的恐惧在很大程度上来自这部电影,况且电影中的人物具有非凡的能力脱离险境,可是现实中的人们哪有本事对抗巨大的灾难呢?

尽管内心惶恐,可是仍有不少游客站在科巴金字塔下张望,他们觉得就算末日真的来临,能够亲眼见证也不枉此生。

可是,什么也没发生,金字塔也安静地蹲守在原地,并未发出任何响动。

许久的等待后,乌云散去,明媚的阳光重新又回到了人们的视线中,大家哈哈大笑,拍手庆祝着,而世界末日的预言也在这一天,在其发源地不攻自破,反倒留下了一连串的欢笑。

玛雅金字塔遗址

玛雅金字塔档案

又名:科巴金字塔、羽蛇神金字塔

建造时间:公元 5—7 世纪,顶部的神庙在 11—15 世纪建造。

地理位置:印加遗址奇琴伊察以东 90 千米、墨西哥东部金塔纳罗奥州的科巴遗址。

高度:42 米。

形状:塔底为方形,顶部有方形坛庙,底大顶小,塔身四面各有台阶通往顶部。

石料:石灰岩。

性质:祭祀玛雅最高神———羽蛇神的场所,另有"求雨"功能。

地位:玛雅帝国第二高的金字塔(最高的是蒂卡尔四号神庙,高 75 米)。

其他:玛雅金字塔虽不如埃及金字塔大,数量上却占有优势,仅在墨西哥境内就有 10 万多座玛雅金字塔。

万里长城是不是秦始皇建造的？

中国有一座伟大的建筑，它绵延万里，历经 2000 多年，仍骄傲地向世人展露着它的雄姿。

它就是长城。

人们一说起长城，总是要提到秦始皇，当年要不是秦始皇一声令下，哪来今日的万里长城呢？

其实，长城并非秦始皇的首创，在秦朝之前，春秋战国的人们已经在边关修筑抵御外敌的城墙了。

当时有个叫燕的国家，由于国力薄弱、兵马不足，燕王很担心自己的国土被别的诸侯国吞并，只好积极地修建防御工事，在边境上筑起又高又厚的城墙，希望能挡住敌人的攻击。

燕王征集了很多工匠，要他们赶快将城墙修好。

燕国在北方，冬天非常寒冷，可是为了抓紧时间，燕王不准工人们停工，他对监工说："告诉大家，城墙什么时候修好，我什么时候放他们回家！"

工人们只好马不停蹄地赶工，当时筑墙的石头和砖头都是用稀泥抹的，很不牢固，一不小心在墙上推了一把，就会让整面墙坍塌，这样一来，又得重新筑墙，无形中增加了修筑的时间。

大家越是心急，就越容易出错，墙面被推倒的情况时有发生，让匠人们非常无奈。

"唉，再这样下去，我们非冻死在这荒山野岭了！"大家擦着鼻涕，愁眉苦脸地说。

在天冷的日子里，工人们最喜欢做和泥的工作，因为在低温下，泥土必须用热水搅拌，民工们用三块大石头架起一口大铁锅，然后在锅里倒入水，添柴将水烧开，在烧水的过程中，热气腾腾，可以帮助锅旁的工人驱走寒气，倒也算是一个肥差了。

可惜的是，整个工地就一口大锅，而且是日夜不停地烧，把锅底烧得发脆了。

当时没有人发现这一情况，因为大家忙都来不及呢！哪还有时间去观察大锅呀！

谁都不曾想到，因为自己工作上的失误，竟导致了一桩奇妙的事情。

某个北风凛冽的下午,大锅终于寿终正寝,锅底破了一个大洞,锅里的水全部淋到支撑锅子的三块石头上。

工人们一见,纷纷摇头,叹息道:"真倒霉呀! 总是碰上不顺心的事!"

这时,有个老工人发现石头被沸水炸开了花,洒出了很多像白面一样的粉末。

他把粉末往水里搅了搅,发现比稀泥有黏性多了,而且还很有韧性,就高兴地说:"看来遇到好事了,老天诚心要帮我们啊!"

众人都好奇地围过来,发现这白色粉末真的很好用,就用它代替稀泥,来抹砖头缝了。

第二天,大家惊喜地看到城墙非常稳固,怎么推都推不倒,说明那粉末真的有奇效,工期终于可以加快了!

那粉末就是石灰,从此燕国人懂得了烧制石灰,而他们的建筑也因此比其他诸侯国更加牢固。

后来,秦始皇也得知了燕国人的这一特殊技能,他在修长城的时候就下了一道命令,让燕国人包揽烧石灰的工作。

燕国人不辱使命,果真将长城修筑得十分牢固,而燕国人烧石灰的山脉被统称为"燕山山脉"。

长城档案

建造时间:周朝至明朝。

原长度:21 196.18 千米

现长度:8 851.8 千米,为明朝所筑长城,但因明朝长城多为夯土结构,真正的砖石结构的长城只有 1 000 多千米。

面积:20 万平方千米。

别名:方城(春秋楚国用语)、堑、长堑、塞、长城塞、壕堑、界壕(金代用语)、边墙(明朝用语)。

跨越地区:新疆、甘肃、宁夏、陕西、内蒙古、山西、河北、北京、天津、辽宁、吉林、黑龙江、河南、山东、湖北、湖南等省、直辖市或自治区。

组成:由城墙、关城和烽火台构成,城墙抵御敌人入侵,关城是防御点,烽火台则燃起狼烟传递敌情。

著名关隘:八达岭长城(世界文化遗产之一)、司马台长城(中国唯一保留明朝原貌的古建筑)、居庸关长城(天下第一雄关、最悠久长城、最著名长城)。

地位:中国第一军事工程、世界修建时间最长的建筑、世界八大奇迹之一。

哭墙为什么让犹太人泪流不止？

在伊斯兰教的圣城耶路撒冷,有一座著名的"哭墙",顾名思义,它能引发连绵不绝的泪水,所有来瞻仰它的犹太人都会洒下滚滚热泪。

为何哭墙有如此魔力,能让犹太人痛哭流涕呢？

这是因为,它的背后隐藏着一个伤感的故事。

犹大是出卖耶稣的叛徒,"犹大之吻"后来成了口蜜腹剑的代名词

在公元前 2000 多年,亚伯拉罕带着犹太人的祖先希伯来人来到耶路撒冷,他们虔诚地祈求耶和华神的保护。

耶和华被感动了,祝福道:"犹太人将在这片土地上繁衍兴旺。"同时,亚伯拉罕的孙子雅各布也被天使赐名"以色列",公元前 11 世纪,以色列成了一个国家的名字,在阿拉伯沙漠中建立起来。

雅各布的后裔所罗门在公元前 10 世纪造了一座雄伟的建筑,它就是用来供奉耶和华神的所罗门圣殿。

当圣殿建好后,犹太人无不毕恭毕敬地来到此处朝觐,这座建筑因而成为犹太人心中最神圣的所在。

在公元前 6 世纪初,圣殿被巴比伦人摧毁,半个世纪后,犹太人又在圣殿原址上重建了神殿,因而该建筑被称为"第二圣殿"。

到了公元元年,在一个冬日的夜晚,一颗流星从耶路撒冷南门外的伯利恒镇划过,一个婴儿出生在马厩里,他就是耶稣,前来教化众生的神子。

耶稣长大后,思想越发成熟,讲出来的话也越发令人信服,他向人们宣讲福音,告诉大家只有心中有爱才能进入天国,他的话具有令人感动的力量,所以大家都很尊敬他。

渐渐地,越来越多的人成了耶稣的信徒,整日追随耶稣,并向他人传授耶稣的真理。

犹太祭司们见此情景,非常嫉妒,就互相传递眼色,说:"如果耶稣是神,那我们是什么? 大家都信他,还要我们做什么呢?"

于是,祭司们就到处说耶稣的坏话,骗一些不明真相的犹太人说耶稣破坏了他们的宗教,应该对他处以极刑。

后来,祭司们又花了30个银币买通了耶稣的门徒犹大,然后抓住了耶稣。

尽管祭司们巴不得耶稣快点被处死,可是他们却没有行刑权,只能去逼握有生死大权的罗马总督彼拉多。

于是,众多的犹太人把耶稣押到彼拉多的面前,高喊道:"这个人施展骗术,并提倡禁止纳税,还说自己是王,该处死他!"

彼拉多心里明白,耶稣是无罪的,因为他每一年可以赦免一个犯人,就想放了耶稣。

可是犹太民众群情激昂,坚决要求处决耶稣,犹太祭司也威胁彼拉多:"此人有造反之心,你要是放了他,就是对西泽大帝的大不敬!"

彼拉多没有办法,只好宣布耶稣有罪,不久之后,耶稣就被钉死在十字架上。

但是彼拉多在行刑前,却洗净双手,说了一句谶语:"你们让义人流血,罪不在我,你们自己承担吧!"

没过多久,犹太人果真承担了极大的惩罚。

以色列博物馆的圣殿模型

公元70年,罗马皇帝希律王镇压犹太教起义,罗马军攻入耶路撒冷,将所罗门圣殿烧毁,仅有西面一面城墙保留下来,这面墙就被称为"西墙"。

65年后,罗马大军再度攻入以色列,屠杀了百万犹太人,并将幸存者变为罗马人的奴隶。

犹太人从此被驱赶出自己的国家,直到200年后才被允许每年回到西墙凭吊一次无法接近的国土。

每到这个时候,犹太人总会对着西墙放声哭泣,他们流着眼泪默默祷告,希望国家能再度兴盛起来,时间一长,西墙就成了"哭墙"。

据说,当年圣殿被火烧之时,有六位天使坐在哭墙上,祂们流着眼泪,泪水落到墙缝中,保护了城墙,使哭墙得以屹立不倒。

天使们是仁慈的,祂们在为犹太人的过去而哭泣,要不是因为听信恶祭司的话而错杀了耶稣,犹太人怎会背负上如此沉重的十字架,在漫长的岁月中一次又一次承受巨大的苦难呢?

哭墙与圆顶清真寺

哭墙档案

建造时间:公元前6世纪末。

地理位置:在耶路撒冷的锡安山上。

高度:20米。

长度:50米。

别名:叹息之壁。

参观要求:男士必须带上传统的帽子,女人则不必蒙头,且男女在入场前须分开参观,在参观时教徒必须对着墙哭泣。

奇闻:

1. 公元2002年,哭墙的墙身上竟然自行流下了三行"眼泪",后经查明,墙上的水渍是由长在墙体中的植物腐烂引起的。

2. 公元2012年,一名男子在哭墙的墙体内发现一个信封,里面藏着5亿美元的支票,以色列警方认为这些支票都是真的,而至今这笔巨款仍没有等到它的失主。

地位:伊斯兰教的第一圣地,拥有长13.6米、宽4.6米、高3.5米、重570吨的世界第三大人造巨石。

千年古城庞贝如何避免覆灭？

在蔚蓝的那不勒斯湾，有一座千年古城。

最初，腓尼基人在此地驻扎，随后希腊人涌入，带来了光辉灿烂的希腊文化，接着罗马人又接管了这座城市，并在公元前 87 年将其作为罗马帝国的自治城市。

它就是庞贝，一座消失在火山之下的城市。

庞贝末日

庞贝城经过几百年的发展，已经是一个繁荣的地方了，在那里，到处都是妓院和酒肆，人们沿袭了罗马的奢靡荒淫之风，整日醉生梦死，不做长远之计。

在庞贝城，贫富分化很严重，穷人只能住在租借的公寓里，而富人却有着宽敞豪华的住宅，还有成群的奴隶。

富人最喜欢去公共浴室洗澡，当时的浴室经营者头脑丝毫不比现代人差，浴室有更衣室、按摩室和美容室等，而洗浴的种类也是五花八门，有牛奶浴、泥浴、黄金浴等，专门满足爱美人士的需要。

不过就算钱财分配不均，庞贝城的居民却有一个共同的爱好，那就是去看角斗。

庞贝城里有着罗马最古老的竞技场,可以容纳 1.2 万名观众,这个数量可是全城人口的一半以上呢!

竞技场一旦开放,里面的角斗必然十分激烈,总是会有伤亡,这让民众兴奋异常。

如果不是公元 63 年,庞贝城北面的维苏威火山开始苏醒,庞贝城依旧会持久地兴盛下去。也许上天想给庞贝城的居民一个警示,好让他们居安思危,便让长年沉寂的"死"火山爆发,同时发动了一场大地震。

灾难毁掉了城里的部分建筑,也让庞贝城的执行官坐立不安。

当时没有地质学家与考察队,想要预知未来只能去找祭司,于是执行官便向神庙里的祭司请求明示。

祭司便展开了一个祭拜山神的仪式,又是跳舞又是算卦,最后告诉执行官:"维苏威山神说了,这次只是个意外,不会有什么大问题!"

执行官这才松了一口气,他春风满面地将这个好消息告诉给民众,民众马上恢复了笑容,又继续沉浸于酒色中,再也不管火山的事了。

此后的 16 年间,维苏威火山果然没有冒出黑烟,也没有发出动静,庞贝城的建筑师继续大兴土木,将城市建得更加壮观。

公元 79 年 8 月,火山忽然不断喷出火山灰,大团大团的黑烟遮住天空,笼罩在庞贝城的上空,将阳光挡在了厚厚的阴霾之外。

可惜的是,庞贝城的居民对此情况竟无动于衷,即使明知道火山在冒烟,他们也没有去想任何对策,此时没有一个市民想到要逃离这座城市。

庞贝古城的剧院遗址

8 月 24 日,灾难突然来临,维苏威火山剧烈喷发,炙热的岩浆在火星和浓烟的夹杂中被喷发出来,岩浆遇冷迅速凝聚成石头,如陨石一般猛烈地砸向庞贝城,吓得城中居民疯狂逃窜。

可怕的是,火山爆发后又下起了暴雨,山洪挟无数石块和火山灰一齐向庞贝城压过去,城中绝大多数的居民来不及逃脱,都被埋在厚厚的火山灰下。

从此,庞贝城就从地球表面消失了,直到18世纪初,意大利农民在城市上方挖到了很多古董,科学家才发现了这座古城。

其实,庞贝城本可以不被覆灭的,如果当初庞贝城的居民在火山冒烟的时候就尽快撤离,那么即便城市被火山灰掩埋,居民们过后仍可以回到自己的家园,继续在庞贝城中生活。毕竟,经历过那次剧烈的喷发后,维苏威火山在2 000年间再也没有任何动静了。

庞贝城档案

建造时间: 公元前6世纪。

地理位置: 罗马东南240千米处、维苏威火山西南脚下10千米、那不勒斯湾东部20千米处。

整体结构: 略呈长方形,四面都有城门,城内布置犹如纵横交错的棋盘。

长度: 1 200米。

宽度: 700米。

面积: 1.8平方千米。

人口: 2.5万。

别名: 酒色之都。

建筑: 30家面包烘焙房,100多家酒吧,3座公共浴场,1座竞技场,另有朱庇特神庙、阿波罗神庙、商场、剧场、大会堂、引水道及很多富人所建的别墅。

特色: 富人别墅里有著名的庞贝壁画,是古典壁画的重要遗存。

被埋深度: 5.6米。

特殊藏品: 人体化石,火山喷发后,火山灰将死去居民包裹,天长日久尸体腐烂,但火山灰却在尸体外留下了一层不规则的坚硬外壳,科学家在外壳上打出一个缺口,往里面灌注石膏,就复制出了死者的雕像。

地位: 科学家了解古罗马社会生活和文化艺术的重要资料。

雅典卫城最重要的建筑为什么会消失？

雅典卫城是世界著名的遗址之一，在它众多的古建筑中，有一座建筑最为出名，而且被誉为世界七大奇迹之一，它便是帕提农神庙。

这座神庙究竟有何特别之处呢？

原来，它是人类历史上最早的大型庙宇，是为祭祀智慧和战争女神雅典娜而建的，因为雅典娜的别名就叫"帕提农"，在希腊语中的意思为"处女"。

帕提农神庙威风凛凛地坐落在卫城的最高处，每天都笑纳着人们投递过来的仰慕的目光，在它的里面，还有一尊古希腊最高大的雅典娜雕塑，它是雕刻大师菲迪亚斯的杰作。

雅典娜将罪恶驱逐出贞洁花园

菲迪亚斯花了 15 年的时间将神庙中的雕刻全部完成，除了最伟大的雅典娜女神外，他还在由 92 块大理石饰板装饰成的中楣雕刻各种神话故事，其中既有天神的纷争，也有人与怪兽之间的格斗，既精彩又紧张，还夹杂着闲逸之情，其技艺高超令人惊叹。

本来，这座神庙如此恢宏，人们应该好好保护它才是，可是综观人类历史，人类更在意的是自己的欲望，于是美好的事物总是遭到破坏，最后带来不可估量的损失。

公元 1687 年，威尼斯人远征雅典，准备拿下卫城。

当时占据卫城的奥斯曼土耳其人怎会眼睁睁将这座重要的城市拱手让人？他们迅速设置火力据点，挖壕沟、储存粮食，并调集大批军队驻守卫城，誓要血战到底。

一场恶战即将展开。

这时，土耳其的一个军官不知道脑中哪根筋搭错了，觉得用帕提农神庙作为弹药库很合适，于是他就让士兵们把很多子弹和炮弹都运到神庙里，还得意洋洋地说:"我们占据制高点,又有这么多弹药,绝对占便宜!"

是的,如果山下的威尼斯人发起冲锋,确实很难攻到山上来。

可是,威尼斯人难道不会远程攻击吗?

那一年的 9 月 26 日中午,土耳其士兵正在帕提农神庙的走廊里悠闲地散步,他们丝毫没有察觉出危险,再说山下也没有敌人要进攻的动静,谁知道什么时候开火呢?

"唉,好无聊啊!"一个士兵喃喃自语,打起了哈欠。

此时,谁也没料到,在远处的一个山头,威尼斯人正架起数尊大炮,炮口正对着帕提农神庙,原来他们早就知道神庙是土耳其人的军火库了。

"开火!"威尼斯指挥官一声令下,整座山头瞬间被轰炸声淹没,帕提农神庙的廊柱被轰开了数个大豁口,整座建筑迅速崩塌。

不幸的事情还在后面,炮弹引爆了神庙中的军火,使得建筑物的内部也发生了严重爆炸,神庙的四面墙壁几乎成为废墟,多数雕塑也化为碎渣,无法复原。

雅典娜女神雕像早就被东罗马帝国的皇帝掳走,后来下落不明,而帕提农神庙经历此番轰炸,气数已尽,再也不复往日的辉煌。

更糟糕的是,19 世纪初,英国贵族埃尔金斯勋爵觊觎上了神庙的遗骸,他雇佣工匠,将神庙中巨大的大理石浮雕掠到英国。

工匠们并不专业,在打劫的过程中破坏了很多雕像,而有些被运走的雕像又因海难而沉入冰冷的大海,剩余的浮雕才完好无损地抵达欧洲,被存放在大型博物馆里。

这次抢劫是帕提农神庙继被炮火轰炸后最严重的一次损失,此后尽管人们尝试对神庙进行修补,却再也难现神庙的雄姿。

就这样,世界上最古老的神庙最终只留下一个空荡荡的外壳。

帕提农神庙遗址

扫一扫
获得帕提农神庙档案

菲莱神庙为什么要迁走？

　　中国有句古话，叫"金窝银窝，不如自己的狗窝"，所以人们总是相信固守祖业是好事，而且不太愿意离开自己的老家。

　　建筑物也一样，千百年来，很多建筑受战争或自然灾害的破坏，几乎沦为不毛之地，可是人们依旧在其原址上进行修复，从未想过要将那些建筑搬到其他地方去。

菲莱神庙是为古埃及神话中司掌生育和繁衍的女神伊西斯而建。图中壁画描绘的是张开翅膀的伊西斯

　　可是在 20 世纪 70 年代，埃及保存最完整的三大神庙之一的菲莱神庙，却不得不被切割成很多部分，然后一点一点地移到远方。

　　当时没有天灾，也没有战争，这是怎么回事呢？

　　事情还得从 20 世纪初说起。

　　当时，埃及的一些专家为了调节尼罗河的流量，扩大灌溉面积，向政府提议在尼罗河上游修建阿斯旺大坝。

　　那时埃及仍处于英国的控制之下，英国人不认为修建大坝会带来什么好处，于是这个建议就暂时搁浅了。

　　公元 1952 年，埃及独立，任何一个独立的国家，要做的事除了欢呼庆祝外，便是陷入一个非常现实的思考中：我该怎么把经济发展起来？

唯有国富民强，才能在国际社会占有一席之地，20世纪中叶的埃及很快就觉得经济发展这个问题刻不容缓了。

可是，埃及的人口增长很快，而自然资源却非常有限，该怎么开发新的资源呢？这时，政府终于想到了阿斯旺大坝，因为大坝可以阻止洪水泛滥，还能储存水源、扩大耕地，真是再好不过了！

于是，在历经10年的施工后，公元1970年，耗资10亿美元的大坝终于昂首挺胸地横跨于尼罗河上，在轰鸣的激流声和马达声中运作起来。

可是，位于大坝南面的菲莱岛就遭殃了。

早在公元1962年，大坝开始拦截尼罗河时，菲莱岛就被淹没了，岛上的古神庙群——菲莱神庙也被殃及，悉数没于水下。

别看菲莱岛面积小，其来头可不小，它从埃及建国开始，就是女神伊西斯的圣地，在公元前7世纪，岛上修建了第一座神庙，从此很多法老都在岛上造过神庙，菲莱岛也因此有了"庙岛"的美誉。

眼下，阿斯旺大坝的兴建，致使岛上众多神庙受河水的侵蚀，未免可惜，于是埃及政府只好想出了一个折中之策：他们在菲莱神庙的周围筑起高高的围堰，然后将堰中的河水抽干，这样神庙就显露出来。

接着，施工人员将神庙拆成了4.5万多块石头和100多根石雕柱，搬迁至离距离菲莱岛1千米处的阿吉勒基亚岛上，再按原样搭建好，整个工程耗费了七年时间，才让神庙看起来像一直都在阿吉勒基亚岛上一样。

尼罗河畔的菲莱神庙

尽管做了这项保护措施，菲莱神庙还是受到了一定的损坏，因为尼罗河中的盐分比较高，会对建筑材料造成侵蚀。

除了对建筑物的影响外，埃及政府逐渐发现他们犯了一个大错，阿斯旺大坝的益处并没有他们想象得那么大,相反,时间一长,水库的库区淤积,使得储水量并不大,而且埃及的生态环境和耕地肥力也遭到了严重破坏,反而有点得不偿失。

在 20 世纪 90 年代,埃及领导人不得不请求各国科学家对阿斯旺大坝进行重新评估,以便决定是否需要弃用大坝。

一旦决定弃用,那么菲莱神庙一定会郁闷至极,是的,早知要折腾多年,最后还是无用功,当年又何须兴师动众呢?

菲莱神庙档案

建造时间:公元前 7 世纪—公元前 3 世纪。

性质:供奉生育女神伊西斯和冥神奥西里斯的神庙群。

美誉:古埃及国王宝座上的明珠。

特色:恢宏的造型、生动的石雕故事。

归属:阿布辛贝至菲莱的努比亚遗址。

主要建筑:最古老的神庙———尼克塔尼布二世国王神庙,最大的神庙———艾齐斯神庙。

地位:古埃及托勒密王朝保存最完好的庙宇之一。

其他:伊西斯是埃及掌管生育和繁衍的女神,传说她有一万个名字,并且是所有人的庇护神,古埃及要求每一个埃及人一生中至少要来一次女神的神庙,向其祷告。

狮子岩居然让一个王朝覆灭？

在历史上，要说哪个职业最难做，非皇帝莫属。

皇帝可不好当，首先要进行父与子、兄与弟之间的残酷竞争，一不小心就要被亲人砍了脑袋，即便登上皇位，也要兢兢业业，不然会落得一个民怨神怒的下场，到时被政敌篡位可就惨了。最后，皇帝很少有长寿的，在压力之下，很多都成了短命鬼。

在 1500 年前，斯里兰卡摩利耶王朝的国王卡西雅伯很不幸地将以上的情形都经历了，他不仅丢了性命，还让一个王朝遭到毁灭性的打击，而招致这一切的原因竟是一座伟大的建筑，让后人闻之啧啧称奇。

根据斯里兰卡古代史书《大史》记录，卡西雅伯是摩利耶王朝国王的长子，他极具才能，也很有谋略，可是为人阴险狡诈，并不得父亲的欢心。

再加上年老的皇帝偏爱他后来所娶的貌若天仙的妃子，对方为他生了一个可爱仁厚的儿子莫兰加，皇帝就想立幼子为王，还偷偷立下遗诏，好让妃子安心。

皇帝偏袒小儿子，长子卡西雅伯岂会不知，在得知父亲的心思后，他心有不甘，觉得小弟没有自己聪明能干，凭什么要把王位拱手让给他？

此时，老皇帝的身子是一天不如一天了，他在一次狩猎时吹了冷风，从此一病不起，御医偷偷告诉卡西雅伯："皇上大概没剩几日就要驾崩了！"

卡西雅伯的心都要揪起来了，因为再过几天，他就要对弟弟莫兰加俯首称臣了！

他可不想让自己处于这种无奈的境地，便顿生歹心，当天晚上就杀了奄奄一息的父皇，然后更改了遗诏，宣称自己是新皇帝。

其实莫兰加早就从母亲口中得知父皇的遗嘱了，他知道是哥哥杀害了父亲，十分愤怒，想要为父报仇。

卡西雅伯察觉出了弟弟的心理，由于愧疚和害怕，他没有勇气留在首都和弟弟针锋相对，就在离首都阿努拉达普拉 70 千米远的一处巨大山岩上建立了自己的宫殿，从此让该处成为他的统治中心。

由于宫殿所在的岩石很像一只昂首伏地的狮子，因此整块石头包括宫殿在内，被人们称为"狮子岩"。

虽然卡西雅伯建造狮子岩是为了防御，因为整块岩石高高地从地面崛起，易守难攻,这样新国王就不怕弟弟来侵犯了,但是他又是一个好享受的人,所以竭尽所能地让宫殿变得更豪华。

卡西雅伯为建狮子岩花费了十年的时间,在这期间,民众大量的钱财被压榨,只是为了能让狮子岩看起来更美一些。

因此,当狮子岩建好后,百姓们的不满情绪也日渐高涨,莫兰加趁机号召支持他的人组成军队,日夜操练,等待复仇的那一天。

卡西雅伯的命运还是没能超越现实,几年后,莫兰加的实力大增,他率领部众来到狮子岩下,要求大哥与自己一决生死。

卡西雅伯没有办法,只好硬着头皮来应战,最终被弟弟打败,而狮子岩也因此再也没有被使用的理由,就这样荒废在丛林的深处,直到很久以后才重见天日。

狮子岩

狮子岩档案

建造时间:公元 5 世纪。

地理位置:距阿努拉达普拉古城 70 千米处。

性质:曾是一个短命王朝的新宫殿。

海拔:200 米。

重现时间:19 世纪中叶,由英国猎人贝尔发现。

得名:狮子岩上有一块巨石,远看像狮子的头,因此得名,只可惜时间一长,"狮头"早已风化掉落。

组成:一条护城河、一座花园广场、一块巨大的岩石和砖红色的空中城堡。

特色:半裸仕女壁画,卡西雅伯当年由于害怕父亲的冤魂来找自己,就以父亲喜爱的皇妃为原型,在悬崖上画了很多半裸的仕女,这些壁画至今仍艳丽如初。

第二次世界大战中克里姆林宫为何"消失"了?

战争带来的灾难是巨大的,尤其是 20 世纪上半叶爆发的两场世界大战,给全世界造成了难以估量的人身和财物损失。

当时的那些参战国,无一不被炸得面目全非,很多知名建筑首当其冲成了炮弹的"靶子",或是毁于战火,或是摇摇欲坠。

然而,俄罗斯的克里姆林宫却神奇地在硝烟中保全了自己,而且只受了些微小的损失,这真是个令人感到惊奇的事情。

第二次世界大战结束后,俄罗斯国家档案馆对当年克里姆林宫的档案进行解密,结果更加让人不敢相信,原来,这组雄伟的建筑群之所以能避开敌人的轰炸,是因为它竟然能奇迹般地"消失"!

要知道,克里姆林宫所在的地点位于俄罗斯首都莫斯科的中央,而且它又那么巨大,照理说从空中

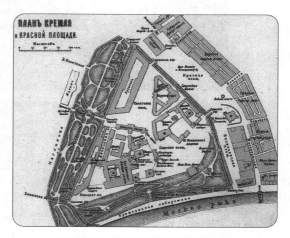

公元 1917 年的克里姆林宫平面图

应该很好辨认,那么,它是如何做到"来无影去无踪"的呢?

原来,卫国战争爆发时,德军定下了轰炸莫斯科的首要攻击目标,其中包括:斯大林办公室、大克里姆林宫和列宁墓,但俄国人的情报侦察能力非常强,他们马上就展开应对措施,想让德国人的阴谋无法得逞。

在斯大林的授意下,苏联人民委员会副主席贝里亚执行了一项"克里姆林宫大变身"的计划,他让宫殿里的警备司令将整座建筑涂成了红色与褐栗色,这样一来,宫殿与周围的其他建筑就很容易混淆了。

这还不够,警卫员们又在宫殿的金顶上套上黑色的护套,或是漆上黑色的颜料,然后还在附近设置了众多的模拟建筑,甚至连克里姆林宫都有一个同样尺寸的模型。当这些替代物立在地面上时,空中的飞行员是很难辨认出来的。

除了克里姆林宫,列宁墓也进行了"乔装打扮",警卫员在其左右两边的高台上都蒙上了巨大的红幅,又在红幅之上搭了一个三层楼高的木制模型。

也许大家会觉得不可思议,因为战争是最能产生高科技的动力,俄国人搞出来的那些伪装,德军真的就察觉不出来吗?

大克里姆林宫

答案是肯定的。

自从克里姆林宫进行了改造,德国战机对其进行轰炸的次数明显下降。公元1941 年是克里姆林宫挨打最多的一年,但也不过就五次,其后一年减少成了三次,再往后就一次也没有了。

为什么德国空军仍旧能够对宫殿进行为数不多的轰炸呢?

原来要归咎于天灾,有时莫斯科会下雨或雪,当雨雪冲洗掉宫殿周边被刷上的一些油漆后,宫殿的部分轮廓就会不小心显露出来,而德国人也不是省油的灯,他们立刻发动攻击,所以酿出了一些惨案。

当然,也有人认为是无所不能的战争间谍收集到了克里姆林宫制造伪装的情报,这才导致了灾难的发生。

在克里姆林宫遭受轰炸的 2 年间,德军的轰炸机一共向其投放了 167 颗炸弹。在首次轰炸过程中,一颗重达 250 千克的炸弹将宫殿的屋顶和格奥尔基大厅砸了一个大洞,随后炸弹落在了地板上。

此次是克里姆林宫遭受过的最大损失,约有 100 名警卫死亡,多间门窗损毁,通信也中断了。

幸运的是,宫殿并无大碍,也没有令人慌乱的火灾发生,而德国的飞机却在地面俄军的防御下损失了 15%,双方的胜负已见分晓。

第二次世界大战结束后,俄国人重新对克里姆林宫进行了修葺,如今这组古老的宫殿群落依旧傲然矗立在莫斯科的红场之上,成为俄罗斯的象征。

克里姆林宫档案

建造时间:公元 1156——1980 年。

地理位置:莫斯科最中心的博罗维茨基山岗上,南临莫斯科河,西北与亚历山大罗夫斯基花园接壤,东南濒临红场,地形呈三角形。

性质:18 世纪以前的沙皇宫殿、苏联和俄罗斯的政府所在地、俄罗斯历代艺术品的收藏馆。

美誉:世界第八奇景。

围墙长度:2 235 米。

厚度:6 米。

高度:14 米。

面积:27.5 万平方米。

塔楼:20 座。

主要建筑:列宁墓、圣母升天教堂、伊凡大帝钟楼、捷列姆诺依宫、大克里姆林宫、大会堂、兵器库、苏联部长会议大厦、苏联最高苏维埃主席团办公大厦、特罗伊茨克桥、无名战士墓。

最高的建筑:伊凡大帝钟楼,高 81 米,里面藏有 50 多口铜钟,其中最大的一口钟为"世界钟王",它高 6.14 米,直径 6.6 米,重 200 多吨。

最雄伟的建筑:圣母升天大教堂,建于 15 世纪,是沙皇加冕的地方。

最美丽的建筑:报喜教堂,顶端有九个金顶,而且是皇室成员接受洗礼和结婚的地方,非常喜庆。

最奢侈的建筑:五座最大的塔楼装有红宝石五角星,被人们俗称为"克里姆林宫红星"。

地位:俄罗斯的象征、世界最大的建筑群落之一、世界文化和自然保护遗产。

比萨塔为什么会永远不倒？

这世界上的一些建筑之所以出名，是因为它们具有一定的特色，有些是因为雄伟，有些是因为建造时间特别长，而有些则另辟蹊径，用其他建筑所无法超越的优势扬名海内外。

比如比萨塔，至今为止，它已倾斜了3.5米，却仍旧稳稳地屹立在大地上，真是个奇迹。

比塞塔从建造之日起，距今已有一千年的历史，而它自开工后就走上了倾斜的不归路。

到底是什么原因让它始终屹立不倒，挑战着科学极限呢？

这还得从它的破土动工之日说起。

当年，比萨市政府想在市区修建一座高高的纪念塔，就请意大利著名建筑师那诺·皮萨诺帮忙。

这个皮萨诺也是心血来潮，想给世人制造点惊喜，于是他没有循常规打造方形地基，而是造了一个圆形的塔基。

也就是说，皮萨诺想修建一座圆柱形的高塔，他的想法顿时让意大利的人们争先恐后地来到比萨塔的施工工地，想看看圆塔是怎么建起来的。

为了不被干扰，也为了人们的安全，皮萨诺劝说民众离开，不过他心里还是挺高兴的，就废寝忘食地日夜赶工，一口气将比萨塔修到了第三层。

但如同喝醉酒的人突然被冷水淋了一身，皮萨诺在一夜之间清醒了过来，他发现塔身歪了，而且任凭他怎么补救，都无法阻止比萨塔的倾斜。

怎么办？总不能建到一半就让塔倒塌了吧？皮萨诺惊出一身冷汗，就找了个借口罢工了。

市政府没办法，只好等了约一个世纪，才将第二位建筑师旺尼·迪·西蒙请到比萨塔长满了杂草的荒地上。

西蒙在简单地视察了比萨塔的情况后，自信满满地说："包在我身上！我绝对能把塔重新'正'回来！"

可是他不久后才发现自己吹了牛，高塔是无法修正的。

公元1284年，西蒙死于战争，他终于可以不必再为自己的名声而发愁了。

70多年后,比萨塔仍旧只修了一半,市政府很着急,就拿出重金,称谁要能修好比萨塔,谁将获得一大笔赏金。

重赏之下必有勇夫,一个名叫托马索·皮萨诺的工程师围着比萨塔来来回回地转,终于得出一个结论:比萨塔虽然仍会倾斜,但他可以发挥自己的聪明才智,阻止比萨塔的倒塌!

意大利人在听到这个保证后,又兴奋起来,他们一点都不觉得斜塔有什么不正常,相反还为拥有了一座世界上独一无二的高塔而庆祝呢!

此后,比萨塔便成为意大利的知名景点,公元1591年,伽利略还在塔顶进行了著名的两个铁球实验,让比萨塔更加著名。

到了19世纪末,又有一位建筑师想挑战高难度,在比萨塔附近挖土,想将高塔矫正过来。

结果,比萨塔偏得更厉害了!

到了20世纪90年代,比萨塔已经像个风烛残年的老人,正等待着临终前的时刻。

市政府大惊失色,连忙将斜塔用高墙隔离起来,又请来大批专家学者,分析斜塔倾斜的原因。

专家们经过认真勘查,发现斜塔是建在一层富含水分的黏土层上的,而高塔很重,将土中水分挤压出,造成了地形的变化,所以比萨塔就持续地倾斜了下去。

其实,挖土和浇筑水泥还是有效的,只是前人没有掌握好技巧,才让好心成了坏事。

扫一扫
获得比萨塔档案

于是,专家在塔基的北面挖土,让斜塔南倾的重心向北移,这一工程耗时十年,最终取得成效,斜塔不再继续倾斜下去了!

比萨塔得以重新向公众开放,不过为了保护它,政府严格限定每日的游览人数,所以想要一览斜塔的风光,得早点出发哦!

泰国玉佛寺里那块"世界上最大的玉石"是怎么发现的?

泰国是一个信仰佛教的国家,全国有很多佛寺,而最著名的一座则属玉佛寺。

玉佛寺本来是皇家寺庙,之所以后来取其名,是因为它里面有一尊被称为泰国国宝的玉佛像。

这尊佛像高 66 厘米,宽 48 厘米,由一整块碧玉雕制的,而这块玉石也号称是世界最大的玉石,有"玉石王"的美誉。

玉佛寺里的壁画

很多来玉佛寺里朝拜的信徒在听了玉佛的名号后,更是对这座寺庙敬仰不已,不过,这尊玉佛真的是世界第一吗?

当然不是。

制成玉佛的玉石出土于公元 1960 年,在 11 年后,美国加利福尼亚州的伊特雷的海底被人开采出了一块比玉佛要大得多的玉石,一举刷新了"玉石之王"的纪录。

随后,加拿大也发现了更大的玉石,重 22 吨,是名副其实的巨无霸。

公元 1978 年,盛产硬玉的缅甸出土了一块重达 30 吨的特大玉石,玉石的重量再度创下新高。

但是,这些都不是世界上最大的玉石,真正的"玉石之王"早在公元 1960 年就出现了,它诞生于有"玉石之乡"美称的中国辽宁省岫岩县,体积为 106.8 立方米,重量达到了惊人的 267 吨,至今无人能超越。

那为何玉佛寺还敢向全世界宣称自己拥有"世界第一的玉石"呢?

恐怕是因为其他的玉石都没有被雕琢成佛像,所以玉佛仍具有独一无二的优势吧!

那么,玉佛寺里的玉石究竟是怎么被发现的呢?

在 18 世纪中期,泰国的一个岫岩玉石矿里,一块传世玉石即将出土。

当时矿工班长见山下聚集了太多工人,就带领一些矿工跑到山坡上采玉。

突然间,有个工人的榔头敲到了一块石头上,发出清脆的响声,班长听回声连绵不绝,心头一喜,连忙让矿工们小心地刨开石头上的浮土,于是一块巨大的石头展露在众人眼前。

玉佛寺供奉的玉佛

班长是个有着几十年经验的老矿工,他走到石头边用手指敲敲打打,脸上不禁现出喜悦的笑容。

"我们找到宝贝了!"他大声对矿工们说。

大家非常兴奋,一齐卖力地挖土,想要将玉石挖出来,可是这块石头实在太大了,他们挖了几个小时,都没有挖到玉石的根部。

此时天色已晚,班长就让矿工们收工,明天再挖。

当天晚上下了一场大雨,班长很担心玉石的情况,第二天一大早,他就带着矿工们赶往采玉场,去看玉石是否完好。

到了山坡上,众人顿时眼前一亮,吃惊地张大了嘴巴。

原来,由于昨夜一场大雨,玉石根部的泥土被雨水泡得松软,向山下滑去,整块玉石因而浮出地面,翻滚到一处平地上,仿佛有人把它"拔"出来似的。

班长赶紧让人给玉石冲洗,当玉石上的污泥被洗净之后,一部分碧绿的颜色就显露出来,那绿色比树叶还要浓郁,真的是美艳绝伦。

后来,这块石头就被雕制成了一尊玉佛,供奉在玉佛寺里。

因为玉佛,玉佛寺成为泰国人心中的神圣所在。

每过一个季度,泰国国王都会来到玉佛寺,亲自为玉佛更衣。每年的五月份,泰国农耕节时,国王也会在寺中举行祈福的宗教仪式。当泰国内阁政权更迭时,新政府都会全体来到玉佛寺,向国王宣誓就职。

玉佛寺档案

建造时间:公元 1784—1789 年。

地理位置:曼谷大王宫的东北角。

性质:泰国王族供奉玉佛像和举行宗教仪式的场所。

面积:5 万多平方米。

大雄宝殿:除了供奉玉佛外,玉佛前另有两尊佛像,分别代表皇帝拉玛一世和拉玛二世,每尊像均由 38 千克黄金打造。

其他景点:碧隆天神殿、藏经阁、七对神仙铸像、走廊绘画。

地位:泰国最著名佛寺、拥有泰国三大国宝之一的玉佛。

玉佛寺里的宝塔

英国议会大厦里曾有一场炸药阴谋？

英国有一座特殊的宫殿，叫威斯敏斯特宫，它的独特之处并不在于其建造历史，而是因为它的用途。

它的另一个名字更为著名——议会大厦，所以它是英国议员的办公地点，性质和白宫一样，而游客们也能限量参观。

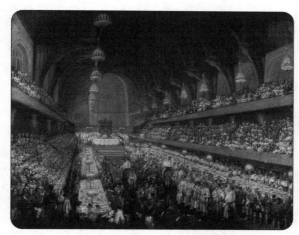

公元 1821 年乔治四世在议会大厦的威斯敏斯特厅进行加冕礼的情景，同时也是该厅最后一次举行类似仪式

詹姆士一世画像

这座庄严的建筑在一千年前已经存在，却在 17 世纪初期差点毁于一旦。

当时，有一伙人妄图用炸药炸掉议会大厦，眼看就要成功了，有个人却在节骨眼上犯了一个错误，这才让大厦得以保全。

在 16 世纪末 17 世纪初的时候，英国正在女强人伊丽莎白一世的统治下，她不愿听从罗马教皇的指挥，提倡国民信仰英国新教，同时大力打压天主教徒，让英国的天主教徒们既愤怒又无奈。

一个名叫罗伯特·盖茨比的英格兰地主心有不甘，恰逢公元 1603 年，伊丽莎白女王驾崩，盖茨比觉得压在身上的大山终于倒塌了，他便找来一些志同道合的乡绅，密谋要除掉新即位的詹姆士一世。

该如何采取行动呢？国王的护卫可是很厉害的呀！一时间，乡绅们都陷入了沉思。

两年后，议会宣布将在议会大厦举行开幕典礼，届时国王和他的家人也会出席，更妙的是，大部分信奉新教的贵族也会到场。

"这可是个千载难逢的机会，如果能将这帮人全部消灭就好了！"盖茨比两眼放着凶狠的光，阴沉沉地说。

于是，这伙人讨论之后，觉得用炸药是最为有利的方式，他们便四处搜寻制造炸药的能手，最后找到了爆破专家盖伊·福克斯。

福克斯是个唯利是图的家伙，他见乡绅们愿意花费重金聘雇自己，不禁心花怒放，连连表示不辱使命，将议会大厦炸个底朝天。

由于仪式是在议会大厦的上议院进行的，所以乡绅们需要进入上议院的地下室。

本来他们决定挖出一条地下通道，从国会大厦的隔壁进入指定的地下室，没想到有人神通广大，居然租到了将要实施计划的地下室，这就减少了行动的危险性和阻力，让盖茨比他们看到了成功的希望。

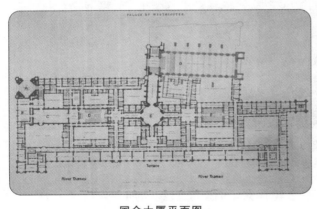

国会大厦平面图

公元 1604 年的整个冬天，乡绅们以存放过冬燃料为由，在上议院的地下室里存放了 2.5 吨火药，这个数量足以把两座国会大厦炸平。

眼看大功即将告成，有一位乡绅忽然起了恻隐之心，担心开幕仪式上的著名天主教徒蒙特伊格上议员被炸死，就给对方写了一封信。

第二天，乡绅们就得知了这一消息，他们大惊失色，连忙去检查地下室，发现里面并未有人进入，这才松了一口气。

盖茨比是个顽固的冒险家，他认为蒙特伊格是天主教徒，应该不会告密，就决定按照原计划实施爆炸任务。

实际上，那位蒙特伊格上议员虽然忠于上帝，却更忠于自己的政府，便将信交给了首相，结果一周以后，警察闪电般地搜查了地下室，将藏匿于此的福克斯连同炸药一并带走。

福克斯一看到刑具就吓得直打哆嗦,立刻把所有同谋都供了出来。

因为怕违反英格兰法律,詹姆士一世还签署了一项允许拷问犯人的特殊命令,可见国王对阴谋者有多憎恨。

很快地,乡绅们纷纷落网,主谋盖茨比则因拒捕而被杀,其他同伙最终也逃不了被处死的下场。

这场惊天阴谋最终风平浪静,议会大厦依旧屹立不倒,直到19世纪,殿内因一个火炉点燃了镶板,才导致这座建筑不得不进行一次全方位的重建和修复。

议会大厦档案

建造时间:公元 1045—1050 年。

地理位置:伦敦中心的威斯敏斯特市、泰晤士河的西岸、大本钟的东南部。

原名:威斯敏斯特宫。

得名时间:公元 1295 年,英国议会在此召开了第一次正式会议。

英国议会大厦

重建时间:公元 1834—1950 年。

性质:英国议会所在地。

建材:前期采用易破碎的石灰岩,公元 1928 年起使用拉特兰产蜜色石灰岩。

房间:1 100 个。

楼梯:100 座。

走廊:3 米。

层数:4 层。

组成:首层为办公室、餐厅和雅座间;二层为宫殿主要厅室;三、四层为议员房间和办公室。

上议院:位于宫殿南侧,长度为 24.4 米,宽度为 13.7 米,厅内南端为主持会议的议长席,其他三面座椅均环绕南方排列。

下议院:位于宫殿北端,一般而言,君主不得进入这里。

威斯敏斯特厅:宫殿中最古老的部分,长 73.2 米,跨度 20.7 米,可用于执行司法审讯和举行重大仪式。

维也纳音乐厅竟然会破产？

很多国家的音乐人都有一个崇高的理想，那就是能去世界顶级的音乐殿堂——维也纳音乐厅举办一场专属于自己的音乐会，对他们来说，这是对自己艺术水平的最佳证明。

公元 2013 年，正值音乐厅百年诞辰之际，国际上却传来了一个惊人的消息：音乐厅破产了！而且，已背上了六百万欧元的外债，实在没有能力继续承担下去。

一时间，世界舆论为之哗然，人们对这个消息纷纷表示不能理解，因为再艰难也比不上战争年代，音乐厅能在第二次世界大战中顽强生存，为什么就不能在经济飞速发展的年代活得更好一点呢？

公元 1933 年，德国纳粹党卫队头子海因里希·希姆莱决定要吞并奥地利，便于第二年的七月刺杀了该国的总理。

希勒特对此举双手赞成，他巴不得能为第三帝国增添 650 万的德语人口。

于是，经过希姆莱多年的筹备，公元 1938 年，德军顺利地进入了奥地利。

为了防止奥地利人们反抗，希特勒对该国进行了大规模的搜捕，不仅官员们的生命受到威胁，甚至连艺术家和文人们也难逃一劫。所有的艺术都变成了宣扬伟大德国的洗脑工具，这让一向以艺术为表现形式的维也纳音乐厅茫然不知所措。

在这种情况下，音乐厅被迫减少了音乐会的举办次数，但它仍在纳粹的统治下苦苦支撑着，并抓住每个能盈利的时机来解决自己的"温饱"问题。

公元 1945 年，德国战败，奥地利终于恢复了国家主权，维也纳音乐厅也迎来了它的第二春。在此后半个世纪的时间里，它的声名传遍世界各地，让所有人都知道它里面有一个可以举办顶级音乐会的金色大厅。

这里要说一句的是，千万不要以为只有取得巨大成就的音乐家才能在音乐厅里表演，事实上，音乐厅是一个商业机构，只要有钱就可以在里面表演，音乐厅有详细的收费规则，绝对不会为了艺术而少收一分钱。

也许正是因为知道音乐厅"生财有道"，维也纳市政府对它的扶持力度一直不够，从 20 世纪末到公元 2013 年，整整 16 年的时间里，政府每年只给它 100 多万欧元的预算资金，还不到维也纳歌剧院所需的三分之一。

要命的是，音乐厅也像极了一个表面光鲜内里虚空的富人，它咬着牙，强颜欢笑地说:"没关系,我有的是名气和钱!"

于是,在16年间,音乐厅没有向政府上报一份关于预算问题的报告,最后实在撑不下去,索性来了个破罐子破摔,直接破产了事。

音乐厅与维也纳政府的重大决策失误让民众抱怨不断,好在音乐厅的经营者迅速制订了危机处理办法,决定与政府携手共渡难关。

在未来的5年时间里,音乐厅将打造一批国际级的活动,以便增加自己的收入,如今这座百年建筑正逐渐走出破产的阴霾,再一次向世人证明它的崇高地位。

维也纳音乐厅

维也纳音乐厅档案

建造时间:公元1867—1869年。

地理位置:维也纳贝森多夫大街十二号。

全名:维也纳爱乐之友协会音乐厅。

颜色:红、黄两色。

组成:大厅为著名的金色大厅,可容纳1 700个座席和300个站席,另有勃拉姆斯厅、莫扎特大厅、舒伯特大厅、玻璃厅、金属厅、石厅、木厅,其中最后三个厅主要用途并非举办演出。

盛事:每年的元旦,音乐厅都会举办一场全球瞩目的音乐会,届时全世界绝大多数电视台和电台都会进行现场直播。

地位:世界五大音乐厅之一(其他四个分别为柏林爱乐厅、莱比锡布商大厦音乐厅、阿姆斯特丹音乐会堂、波士顿交响乐大厅)。

第五章

叛逆的另一种表现形式

摩索拉斯陵墓里的爱情为何令人震惊？

在土耳其，有一座名为博得鲁姆的城市，该城在两千多年前叫作哈利卡那索斯，是小亚细亚的加里亚王国的都城。

公元前 300 多年，一位名叫摩索拉斯的总督统治了加里亚，后来他自立为王，还册封了一位王后，但是王后的身份却让全国的百姓大吃一惊。

原来，王后不是别人，正是摩索拉斯的亲妹妹阿尔特米西娅。

虽说古人很开放，但兄长娶妹妹的事情仍然是非常罕见的，所以民众有的耻笑，有的愤怒，反正都觉得国王的做法不对。

摩索拉斯却毫不在意，为了堵住悠悠众口，他经常带着王后出现在各种公开场合，而且丝毫不掩饰两人之间的亲昵之情。

王后也深爱着摩索拉斯，总是对夫君百依百顺，为了避免让夫君操劳过度，她还有意分担国事。

事实证明，阿尔特米西娅确实有当政的能力，不过她并未过多地干涉朝政，因为她知道那是国王的权力。

摩索拉斯早就听说过埃及陵墓的故事，他不禁也动了心，想为自己和王后修一座雄伟的陵寝。

那么，陵墓建在哪里比较好呢？

摩索拉斯向祭司请教，祭司说，冥府是没有光的，只有漫无天日的黑暗，而且里面还有可怕的幽灵出没，人若生活在里面，必定会十分痛苦。唯一的解决方法就是让自己即使在死后也能被世人所记住，这样亡灵就会活在现实世界中了。

摩索拉斯恍然大悟，便立刻决定，将陵墓建在都城哈利卡那索斯的中心位置。

接下来，他该思考陵墓的样子了。

他征集了许多能工巧匠，花了很多年才把陵寝的样式设计出来。

即便是死后的"宫殿"，国王也没忘记与王后一同出现，在陵墓顶端的大理石雕像上，刻着他与阿尔特米西娅的光辉形象，两人一同驾驶着四马双轮战车，看起来既恩爱又豪迈。

可惜的是，还未等国王建好这座陵墓，他就一命归西了。临死前，他嘱咐王后将陵墓继续盖下去，王后则表示不会让他留有遗憾，一定会全力打造一座恢宏的建筑。

但他大概做梦也没想到，虽然王后答应造陵墓，却没说要将他的遗体放入陵墓中，要是他早知道会有这么一场变故，是否该多吩咐几句呢？

王后不顾世俗伦理嫁给自己的哥哥，而她对国王表达爱意的方式也着实让世人看不懂：她将死去国王的尸骨挫成细小的粉末，然后溶解在葡萄酒里，每天喝一点，让人不禁惊讶万分。

王后到底是爱国王，还是对国王恨之入骨呢？没有人知道，但摩索拉斯陵墓依然在有条不紊地建设着，三年后王后也离开了人世，而这座伟大的陵墓终于宣告完工。

后来，摩索拉斯陵墓在15世纪前的一次大地震中遭到损坏，而到了15世纪末期，欧洲人把陵墓当成了采石场，用它来建造边塞的堡垒。

就这样，一座奇迹般的建筑毁于一旦，只有少量大理石浮雕得以幸存，至今被保存在大英博物馆内，让人们感受着当年叛逆的爱情故事。

摩索拉斯陵墓复原图

摩索拉斯陵墓档案

建造时间：公元前353年—公元前350年。

地理位置：土耳其西南方城市博得鲁姆市中心。

高度：45米。

面积：1 200平方米。

组成：19米高的地基；地基上长39米、宽33米的平面；平面上高11米、由36根柱子构成的拱廊；廊上一层金色塔形的屋顶，由规则的24级台阶构成，象征着摩索拉斯的执政年限；最顶端为摩索拉斯与王后的战车雕像。

衍生：英语中的"陵墓"一词，正是由"摩索拉斯"一词演化而来。

地位：世界七大奇迹之一。

布鲁塞尔大广场的诗人为何对情人举起了枪?

在比利时的首都布鲁塞尔市中心,有一个偌大的广场,名字就叫布鲁塞尔大广场。

这座广场自 12 世纪起就存在于世了,所以很多人都曾经来过这里,这里也发生了很多故事。

公元 1872 年的一个晚上,布鲁塞尔广场上突然响起了一声枪声,附近的人们惊讶地聚拢过来,却发现广场上空无一人,到底发生了怎样的故事呢?

枪击案的发生与 19 世纪的两位诗人有关,一位是法国的保罗·魏尔伦,另一位则是法国的让·尼古拉·阿蒂尔·兰波,而两人的关系则令大众跌破眼镜:他们是一对情人。

魏尔伦本来是个异性恋,他在公元 1867 年结识了同为诗人的弗尔维乐夫妇,并爱上了夫妇两人的宝贝女儿马蒂尔特。

魏尔伦的激情被年轻的少女所激发,他灵感大发,写了很多情诗给马蒂尔特,终于打动了姑娘的芳心,成功抱得美人归。

没想到三年后,魏尔伦才发现自己喜欢的是男人。

那时兰波誓要当一名举世瞩目的诗人,便一直在阅读其他诗人的诗篇,而魏尔伦已经扬名巴黎内外了,兰波一读魏尔伦的诗,便被深深地折服,他立即写信给对方,说想拜会一下。

此外,他还把自己写的几首诗也附在信中,希望能打动魏尔伦这个上流社会的名人。

其实,魏尔伦当时的日子并不好过,他因为巴黎公社事件而贫困潦倒,只得仰仗他的岳父生活。

自尊心强的魏尔伦每天都过得很不开心,眼下接到兰波的信后,他却突然高兴起来,因为他觉得兰波写得真是太好了,他不敢想象一个才 17 岁的孩子能有如此才艺。

于是,魏尔伦给兰波寄了一大笔来巴黎的路费,而在见到兰波后,魏尔伦明显觉得自己的心被打动了。

他引诱兰波吸食大麻,并和对方一起酗酒、露宿街头,硬生生地让自己从一个名流变成了一个流浪艺术家。

兰波也搞不清自己到底是否喜欢魏尔伦，但有一点让他离不开对方，那就是只有魏尔伦欣赏他的才华，面对着唯一能懂自己的人，兰波没有理由不动心啊！

后来，魏尔伦与美丽的妻子失和，他正好捞到机会，与兰波一起周游欧洲。

可是魏尔伦生性犹豫，他担心岳父会以有伤风化罪状告他，而该罪名在那个年代，会使他受到相当重的惩罚。

魏尔伦的摇摆，让固执的兰波头痛不已。

此外，经济问题也导致了两人的争吵，兰波不想工作，只想将全部精力投入创作中。

可是这样一来，就没钱吃饭了，虽然魏尔伦的母亲给儿子不断地寄来生活费，魏尔伦却仍旧与兰波争吵不断。

最终，兰波厌烦了，他要与魏尔伦分手，魏尔伦伤心地离开了兰波，来到布鲁塞尔居住。

可是，魏尔伦仍旧对兰波念念不忘，他给对方寄去一封忧郁的信，说自己活不下去了，想要自杀。

这招果然奏效，兰波赶去比利时，却在布鲁塞尔大广场上提出要与对方分手，从此不再有任何瓜葛。

魏尔伦的心都碎了，他恼怒于小情人的背叛，将上了膛的子弹射向兰波，于是便有了开头的那一幕。

所幸兰波并没有死，只是手掌被打伤，魏尔伦因此被判刑两年，在狱中他开始信仰天主教，而兰波则继续写诗集，完成了《地狱一季》、《灵光集》等作品。而后，他突然清醒过来，觉得赚钱和自由才是最重要的，从此放弃诗歌，过着浪迹天涯的生活。

魏尔伦出狱后还是忘不了英俊的兰波，又去找对方，结果被兰波无情地打倒在地，这一段孽缘也就画上了句号。直到十几年后兰波死去，他再也未见魏尔伦一面。

扫一扫
获得布鲁塞尔
广场档案

霍夫堡皇宫里的茜茜公主为什么不幸福？

在世界电影史上，有一部著名的电影，曾经让无数人心驰神往，那就是《茜茜公主》，一个淘气少女成为奥地利皇后的故事。

电影中，茜茜公主活泼有趣，为皇室带来了无限活力，而国王也对她恩爱有加，总是顺着她的意思去办事，简直将她的生活阐述得像泡在蜜糖里一样。

在历史上，茜茜公主真的过得如此幸福吗？

在奥地利的首都维也纳，矗立着哈布斯堡王朝的巨大皇家宫苑——霍夫堡皇宫。在这座宫殿里，曾经住着玛利亚·特蕾西亚女王、被绞死的路易十六王后玛丽·安托瓦内特、弗兰茨·约瑟夫一世等著名成员，同时它也是茜茜公主生活过的地方。

如电影所述，茜茜是巴伐利亚公主，却不及她的大姐海伦妮讨奥地利皇太后的欢心，皇太后与茜茜的母亲是亲姐妹，两人决定将海伦妮嫁给皇帝弗兰茨·约瑟夫一世。

谁知命运弄人，相亲那天，十五岁的茜茜因为好奇，突然蹦了出来，结果弗兰茨顿时被她的活力给吸引住了，并为她神魂颠倒，发誓非茜茜不娶。

事实上，在封建时代，上流社会普遍流行淑女教条，女人几乎都被打造成名门闺秀，所以皇帝难免审美疲劳，转而喜欢上不按常理出牌的茜茜。

霍夫堡皇宫前的雕像

　　既然皇帝喜欢,皇太后也不好强求,茜茜顺利嫁给弗兰茨,搬进了霍夫堡皇宫,正式开始了自己的皇后生涯。

　　于是,就如电影中描述的那样,公主从此过着快乐的生活吗?

　　很遗憾地告诉大家,并非如此,茜茜公主向往自由和阳光,她根本就不甘心整日被关在冰冷的皇宫里面。

　　"我在毫不知情的情况下被卖给了别人,这就是我的婚姻!"茜茜公主在日记中毫不留情地写下这一行字,她对丈夫和皇宫充满怨言,却根本不知道弗兰茨有多爱她。

　　在霍夫堡皇宫,茜茜与皇太后的冲突越发激烈,她不肯乖乖地遵从皇室规范,也不喜欢那种教条式的行动,她还无法向丈夫寻求帮助,因为弗兰茨尊敬他的母亲,而且他是皇帝,从小受皇家训练,并不觉得宫里的规矩有什么不合理。

　　茜茜逐渐厌倦了宫廷生活,她的活力没有了,在皇宫中如同一尊没有生气的石像一样。

茜茜公主画像

弗兰茨·约瑟夫一世和伊丽莎白(茜茜公主)于布达佩斯分别加冕为匈牙利国王和皇后

　　她开始跟弗兰茨争吵,并冲动地搬出了皇宫,去匈牙利定居。

　　婚后的茜茜公主和弗兰茨皇帝之间其实相处得并不融洽,两人一度到了相敬如"冰"的程度。茜茜觉得自己的婚姻一点都不幸福,给不了她应有的快乐和趣味,她唯有在野外自由的天地间游荡,才能呼吸到新鲜的空气。

　　也许是继承了母亲的浪漫情怀,公元 1889 年,茜茜唯一的儿子鲁道夫皇储与他的情妇双双殉情自杀,这让茜茜差点丢了命。她瘦小的身躯根本不能承受这沉重的打击,因此郁郁寡欢,更加寄情于山水。

公元 1898 年,漂泊多年的茜茜在途经日内瓦时,被一名意大利无政府主义者刺杀。刺客并非有目的地针对茜茜公主,只是为了反对帝制而已,可怜的茜茜就这样成了牺牲品。

弗兰茨听闻噩耗,不禁泪流满面,尽管他与茜茜多年分居,但他对她的感情仍是那么浓烈。

当茜茜的棺椁下葬前,弗兰茨特意剪下了她的一缕头发做纪念,如今这缕头发被霍夫堡皇宫珍藏,成为茜茜令人唏嘘的生命见证。

霍夫堡皇宫档案
建造时间:公元 1275—1913 年。
地理位置:维也纳市中心英雄广场旁边。
性质:奥匈帝国皇帝的冬宫、神圣罗马帝国皇帝的居住地、如今是奥地利总统府和政府所在地。
美誉:城中之城。
房间:2 500 个。
庭院:19 个。
楼房:18 栋。
出口:54 个。
层数:两层,上层是办公、迎宾和举行盛大活动的地方;下层做居室。
面积:24 万平方米。
主要景点:宴会和银器馆、瑞士人大门、城堡小教堂、珍宝馆、皇帝居室、西班牙骑术学校、国立图书馆、奥古斯丁教堂、皇家墓穴。
地位:欧洲最大的皇宫之一。

布朗城堡里是不是住着吸血鬼？

西方流传着吸血鬼的传说，据说这种鬼怪只能在晚上出现，以吸食人血维生，性情残暴、自愈力极强，唯有用木桩钉他们的心脏才能真正杀死它们。

不过他们也有令人羡慕的地方，就是拥有长生不老的容颜，并且就算被杀死，每过一百年也能如凤凰涅槃一样重新复活。

在公元 1897 年，爱尔兰作家根据吸血鬼的故事创作了一部名叫《德古拉》的小说，轰动了整个欧洲。小说以罗马尼亚的德古拉伯爵为主人公，而伯爵所居住过的布朗城堡也就成了著名的吸血鬼城堡。

如今，布朗城堡吸引了大批游客，大家都想看看城堡里是否真的有吸血鬼的踪迹。正因为如此，这座建筑也就成了阴森恐怖的代名词，虽然它已经是国有的博物馆，却依旧令人既兴奋又害怕。

弗拉德三世就是著名的吸血鬼——"德古拉伯爵"的原型

那么，城堡里真的住着吸血鬼吗？那个德古拉伯爵到底有多恐怖呢？

布朗城堡是匈牙利国王建造的，起初是为了防御土耳其人的进攻，后来国王将其送给德古拉伯爵，于是伯爵就以城堡为据点，开始了嗜血征程。

德古拉的性情十分残暴，打击敌人的时候毫不手软，甚至让罗马尼亚人都觉得过分。

在公元 1462 年，他被盟友背叛，逃往罗马尼亚首都布加勒斯特，在逃亡过程中，德古拉将俘虏的两万土耳其士兵全部从口部或臀部刺入粗厚的木棍，钉死在道路两旁。

当土耳其大军开往布加勒斯特时，沿途所散发出的恐怖血腥气息和被鸟兽啃食过的腐烂尸体让士兵们毛骨悚然，战争还未开始就四散而逃。

德古拉不仅对敌人凶，对自己国家的百姓也很凶。

他个性贪婪，为了多收税，命令布朗城堡里的卫兵一到晚上就驱赶民众从城堡下经过，这样他就可以设置关卡收费了。

有些人自然不服，想要跟德古拉讨个说法，结果被不耐烦的伯爵给施以木桩之刑了。

德古拉伯爵将人钉尖桩的版画

也不知道德古拉为何这么喜欢在人的身体上钉木桩，后来小说家就反讽了一把，让德古拉被木桩所杀，也算是告慰了那些冤死的灵魂。

由于树敌太多，德古拉也会害怕，尽管布朗城堡建在山上，背靠难以翻越的峭壁，只有一条小径可以通行，但德古拉为了保险起见，还是将城堡大门改成了高高的城墙。谁想入城，只能爬城堡内扔出来的绳梯上去，这越发增添了城堡的神秘气息，难怪小说家要将布朗城堡作为吸血鬼的大本营。

德古拉在公元 1476 年冬天战死沙场，其尸体被敌人五马分尸，流落异乡，他的战功随着时间的流逝被人们淡忘，而他的暴虐行径却一直流传下来，以至于成为吸血鬼的原型。对此，伯爵和布朗城堡都表示自己非常冤枉。

布朗城堡档案

建造时间：公元 1377—1382 年。

地理位置：罗马尼亚中部布拉索夫县外 30 千米处。

别名：德古拉城堡。

性质：本为布拉索夫的行政中心，如今是博物馆。

特色：有 4 个储存火药或装有活动地板的角楼，可以向城堡下方的敌人泼热水，角楼之间有走廊，走廊的外墙有射击孔，可以全方位攻击敌人。

地位：全世界著名的吸血鬼城堡之一。

布朗城堡

佛罗伦萨大教堂的圆顶是不是"无中生有"？

13 世纪末的意大利正值文艺复兴时期，佛罗伦萨行会从贵族手里夺取了政权后，踌躇满志地要在城中造一座伟大的建筑，以作为共和政体的纪念碑。

于是，一座洗礼堂和一座钟楼在佛罗伦萨市中心如火如荼地动工了。

刚开始，政客们的想法很简单，他们以为这两栋建筑足以彰显城市的与众不同，可是一百年过去了，他们终于发现洗礼堂的高度不够高，而钟楼又显得太单薄，佛罗伦萨需要一座更加雄伟和挺拔的建筑。

14 世纪初，佛罗伦萨政府决定建造一座大教堂，为了维持工程的品质，政府召集了各国的优秀建筑师，计划选出构思最巧妙的人才做教堂的总工程师。

当时，正好有一位名叫布鲁内莱斯基的工匠回到了佛罗伦萨，他精通机械，在数学和透视学方面都很擅长，另外他还在雕刻和工艺美术方面颇有建树。

其实，在布鲁内莱斯基的心中，一直想建一座拥有巨大穹顶的建筑，他认为穹顶是美学的极致展现，一定会让世人为之惊叹。

布鲁内莱斯基雕像

为了实现自己的梦想，他专门去罗马研究拜占庭、哥特式和古罗马的艺术风格，由于罗马的拱顶很多，所以他就在当地住了几年，将古代的技艺学到了手，才踏上了返程的道路。

公元 1420 年，在佛罗伦萨市政府的会议上，布鲁内莱斯基力压群雄，以出色的口才和建筑才能获得了教堂总负责人的头衔。

其他建筑师当然不服气，有一个外国设计师认为自己的能力比布鲁内莱斯基强，就起了贪念，想不择手段地得到布鲁内莱斯基关于教堂的设计图稿。

布鲁内莱斯基也不是傻子，他很快察觉出对方的阴谋。

为了保全自己，他耍了一个小花招，就是不画任何草稿，连教堂内部的脚手架都不搭，存心不让对手知道自己的想法。

多亏了布鲁内莱斯基的这个举动，才让一座另类的建筑横空出世。

原来,当时的意大利仍处于天主教会的控制之下,而教会是将穹顶当作异教庙宇来看的。也就是说,如果教会看到了布鲁内莱斯基的图稿,别说是穹顶了,整座教堂都不会再让这个叛逆的工程师建造。

虽然当时的教会在佛罗伦萨日趋式微,可是影响力仍在,所以布鲁内莱斯基这么做,是需要相当大的勇气的。

此外,即便古罗马和拜占庭大量使用穹顶,但在建筑的外观上,穹顶并非最重要的造型特征。但是布鲁内莱斯基却恰恰相反,他就是要让教堂的穹顶高高地显露出来,让穹顶成为全城的制高点。

可以说,布鲁内莱斯基的构思展现了文艺复兴的创新精神,他打造出了一座前无古人的建筑,但也因此招致了不少人的嫉妒。

有些建筑师逐渐发现了穹顶的端倪,就向教会告密,结果布鲁内莱斯基被抓入牢中,而告密者则喜气洋洋地控制了教堂建筑大权。

可是随即他们就傻眼了,因为一张图纸也没有,他们根本就不懂布鲁内莱斯基想将教堂设计成什么样,工程因此停工,再也进展不下去了。

政府没有办法,只好再度把布鲁内莱斯基请出来,此后一直让其承担教堂的建筑工作,再也未变动过。

布鲁内莱斯基勤奋地工作着,直到生命的最后一刻。在他死后的第四年,教堂终于完工,而他也被埋在穹顶的地下,墓地上是他的塑像,其手指正指着穹顶的中央,那是他一生的心血结晶。

佛罗伦萨大教堂档案

建造时间:公元 1296—1436 年。

地理位置:佛罗伦萨阿诺河南岸的奥特拉诺区。

别名:花之圣母大教堂、圣母百花大教堂。

美誉:世界最美的教堂。

穹顶:直径 50 米(世界第一)、内径 43 米、高 30 多米。

台阶:464 级。

高度:107 米。

长度:82.3 米。

外观颜色:白色、绿色和红色。

容纳人数:1.5 万人。

收藏珍品:意大利雕刻家多纳泰罗的《先知者》、

布鲁内莱斯基设计的佛罗伦萨大教堂穹顶

戴拉·罗比亚的《唱歌的天使》、狄·盘果约的《圣母升天图》及一幅公元 1465 年的但丁肖像。

附属建筑：高 85 米、4 层的乔托塔楼及八角形洗礼堂，礼堂的青铜大门上雕刻有罗伦索·基贝尔蒂花费 21 年雕筑的 10 幅旧约画面，俗称"天堂之门"。

艺术贡献：达·芬奇、米开朗基罗、但丁、伽利略、马基雅维利等名人都曾来教堂学习透视画法和各种绘画姿势。

地位：文艺复兴的第一个象征建筑、意大利第二大教堂、世界第四大教堂、世界第一圆顶建筑。

为什么说圣耶鲁米大教堂是为"不懂事"的王子盖的?

14世纪末,葡萄牙一位"不懂事"的王子出生了,他叫亨利,小名恩里克。说他"不懂事",是因为他没有与当时的主流社会保持一致,而选择了一条其他人所不能理解的道路。

恩里克王子画像

可是一个世纪以后,他却受到了该国民众的热烈追捧,大家都将他视为民族的骄傲,而且国王还为他建造了一座气势磅礴的圣耶鲁米大教堂,前后反差之大,实在令人惊叹。

那么,这位"不懂事"的王子后来又为何被人们所欢迎呢?

在恩里克王子生活的年代,葡萄牙的人口已经达到了150万人,而且还有上升的趋势。

当时,葡萄牙是个资源有限的小国,土地也很贫瘠,根本养不活那么多人,亨利王子在成年之后很快就发现了这个问题。

他不禁苦苦思索解决的办法:到底该怎样做才能让葡萄牙继续发展壮大呢?

这时,王子的目光投向了海上,是的,那是一个全新的领域,外面的世界是无穷无尽的,为何要将眼光局限在一片树叶上,而放弃了外面那一片森林呢?

公元1415年,恩里克随父皇参加了休达城的战役,并且立下赫赫战功。而正是在这座城市里,他听到了一些传闻:阿尔卑斯山的南面有一片广阔而又炎热的撒哈拉沙漠,沙漠中有摩尔人居住的绿洲。

在沙漠里有两条河流,一条向西流,叫塞内加尔河;另一条向东流,叫尼日尔河,摩尔人就在尼日尔河边开采黄金,并且掠夺黑人奴隶。

当时由于信息不通畅,休达人犯了一个错误,他们将两条河的名字搞反了,结果恩里克王子以为在非洲的西岸有一条可以采黄金的河流,那里的财富能让葡萄牙快速致富。

他内心澎湃,觉得西非就是《圣经》里所罗门国王挖掘黄金的地方。据说,所罗门国王用那些黄金建了耶路撒冷的教堂,既然古书有明确记载,那就说明传说是真的。

于是,王子无心恋战,转而研究起了航海,誓要征服西非。

他这种"玩物丧志"的举动立刻遭到葡萄牙上流社会的质疑。

在当时,尽管航海技术大大提高,但海上航行仍是件极其艰苦的事情,不仅房间简陋,缺乏淡水和食物,船上还有老鼠和蟑螂,恶劣的环境使得船员的死亡率居高不下。所以,别说贵族了,就是普通市民也绝对不会想到要去航海,只有找不到工作的流浪汉、罪犯才会走上这条不归路。

听说地位高贵、衣食无忧的王子居然要去航海,还整天在港口流连忘返,真是让人震惊,很多人都劝他不要"玩物丧志",王子却充耳不闻。

从公元 1415 年起,王子网罗了大批航海人才,对船只等设备进行了改进,他还建立了航海学校,要为国家培养优秀的航海人才。

当然,王子自己也执行过几次航行任务,但最远的征程也只是到达了北非,就让整个葡萄牙都称呼他为"航海家亨利"了。

在 15 世纪上半叶,"亨利"一直不受上流社会待见,可是在他去世后的几十年里,葡萄牙的大航海时代终于爆发,这时人们才为王子的远见而深深折服。葡萄牙国王马努力埃尔也为王子修建了一座礼拜堂,取名贝伦圣母院,这就是后来的圣耶鲁米大教堂。

圣耶鲁米大教堂档案

建造时间:公元 1502—1517 年。

地理位置:葡萄牙首都里斯本港入口处。

建材:石灰岩。

长度:55 米。

层数:2 层。

美誉:宫廷花园。

结构:教堂内有双层走廊,上层是房间,下层的柱与柱之间砌成拱门状,长廊尽头是两座五层的多边形塔楼,塔楼旁边又是两层的大楼,楼里全是房间。

性质:为纪念亨利王子而建,同时也是达·伽马、卡蒙斯和马努埃尔国王与王后的陵墓所在地。

特色:教堂的庭院长满奇花异草、教堂的墙面至尖顶处布满了各式各样的雕像。

地位:葡萄牙的代表建筑、世界文化遗产之一。

西斯廷教堂竟然因吵架而出名？

米开朗基罗画像

宗教之国梵蒂冈是世界天主教的中心，它里面的教堂自然也是万人瞩目的圣地。其中，有一座西斯廷礼拜堂的由来非常奇妙，它之所以出名，竟跟吵架脱不了关系。

在 16 世纪初，年轻的米开朗基罗就已经名满意大利了，罗马教皇非常喜爱他的作品，就让他为自己建造一座充满艺术美感的陵寝。

米开朗基罗很兴奋，因为他一直想证明自己除了是雕塑大师，还是一个了不起的建筑家。

于是，他兴致勃勃地来到卡拉拉采石场，在那里待了六个月，精心挑选了需要用到的石料，并在心中构思了陵墓的形状，然后回到罗马向教皇汇报，满心期待着教皇的任命。

谁知他发现情况不对了，教皇的态度跟半年前判若两人，而且非常冷淡，似乎对他有什么意见似的。

米开朗基罗那颗敏感的艺术之心无法承受教皇的疏远，他便将教皇的转变理解为一场阴谋。

他觉得肯定是有人在告他的状，说不定那人还想毒死他呢！

至于那谄媚的小人，米开朗基罗猜测是圣彼得教堂和西斯廷礼拜堂的建筑师布拉曼特。

就这样，他一生气，就离开了罗马。

临行前，他给教皇写了一封言辞激烈的信，说除非教皇亲自来找他，否则他不会再回罗马。

其实，教皇之所以对米开朗基罗冷淡，是因为陵墓的方案与圣彼得大教堂的计划冲突了。本来，教皇是想将陵墓放在圣彼得大教堂里的，可是这座教堂现在要重修，陵墓没地方安放，还怎么开工呢？

米开朗基罗却不知道这些，还好有人成功劝说他继续为教皇效力。

不过,他与布拉曼特的梁子算是结下来了,后者认为米开朗基罗只会雕刻,不擅长绘画,就想整整这个清高的家伙,于是,布拉曼特就怂恿教皇让米开朗基罗画西斯廷礼拜堂的天花板壁画。

米开朗基罗当然要推托,可是教皇却对布拉曼特的话深信不疑,米开朗基罗没有办法,只好同意为教堂画画,但这样一来,他与布拉曼特之间的矛盾就更深了。

布拉曼特在教堂的天花板上打了很多小孔,目的是安装吊灯,结果米开朗基罗大怒,骂道:"你想让我把画画到孔里去吗?"

教皇也支持米开朗基罗的说法,就让布拉曼特别再碰天花板。

本来米开朗基罗打算聘请一些佛罗伦萨的画手帮他一起作画,可是某一天,当他仰望屋顶,内心忽然升腾起一股豪情壮志,他把所有人关在礼拜堂外,然后独自进行天花板壁画的巨大工程。

这已经非工作量的问题了,因为米开朗基罗在作画时需要仰着脖子,所以他不得不采用仰卧的方式去绘画。

时间长了,他看任何东西都会不由自主地仰着身子去看,甚至连读信的时候也是如此。

他一连画了 4 年,终于完成了西斯廷礼拜堂的绝世天顶画《创世纪》,而这时的他不过才 37 岁,却已经一身重病,憔悴得像 50 多岁的样子了。

如今,每一位来到教堂的人都会仰望屋顶,为米开朗基罗的杰作而惊叹不已。米开朗基罗或许应该感谢死对头布拉曼特,要不是对方故意使坏,他又怎能留下这幅巨大的传世之作,又怎能让西斯廷礼拜堂成为世界顶级教堂之一呢?

西斯廷礼拜堂档案

建造时间:公元 1473—1482 年。

地理位置:在意大利的罗马城中,属梵蒂冈所有。

性质:罗马教皇的私用经堂、选举教皇的地方。

长度:40.25 米。

宽度:13.42 米。

高度:18 米。

层数:2 层。

结构:非常简单的长方形建筑,一座静止的大理石屏风将教堂隔成两部分,教堂的穹顶则绘有米开朗基罗的《创世纪》,面积达 300 平方米,由"上帝创造世界"、"人间的堕落"、"不应有的牺牲"三部分组成。

景点:米开朗基罗的壁画《创世纪》和《最后的审判》。

遗憾:由于教堂内长年燃烧蜡烛,壁画受烟熏日久,造成了一定的损伤。

白金汉宫为何无法替国王留住王位？

白金汉宫是英国著名的建筑之一，在 18 世纪后期，它一直是英国皇室的宫殿，也是伊丽莎白女王办公的地方。

温莎公爵年轻时戎装照

由于英国皇室在民众心中仍具有一定的影响力，所以白金汉宫也因此享有很高的声望，谁能当上这座宫殿的主人，便是一件荣耀的事情，能让全英国，甚至整个世界为他欢呼。

没想到，在英国皇室中，偏偏有人不爱江山爱美人，甘愿舍弃王位而迎娶一位平民之女。

这就是流传了半个多世纪的温莎公爵的故事，男主角是爱德华亲王，女主角是已经有过两次婚史的美国人沃利斯·辛普森女士。

公元 1931 年，爱德华与沃利斯相识，五年后爱德华成为国王，当即宣布要与沃利斯结婚，而对方当时还未来得及与丈夫离婚。

爱德华的决定无疑在皇室平静的水塘里抛下一颗炸弹，让整座白金汉宫都震惊了。

大家纷纷反对爱德华与沃利斯的恋情，并放出狠话：如果爱德华坚持要娶沃利斯，这个国王他就别当了！

爱德华当了不到一年的皇帝，丝毫没有对帝王特权有任何留恋，他斩钉截铁地说要和女友共结连理，然后潇洒地退位，由其弟乔治六世继位。

退位后的爱德华被乔治授予温莎公爵的头衔，但沃利斯就没那么幸运了，她一生都未获得英国皇室授予的"殿下"封号，这让公爵十分不满。

60 年后，同样不爱正妻爱情人的故事出现了，查尔斯王子与情人卡蜜拉在秘恋 35 年后终于公开恋情，而皇室在一番反对后竟然同意让两个人结婚了！

这就有点说不过去了，因为查尔斯王子也是未来的国王，为何他就能既外遇又当国王，而爱德华就不行呢？

当初皇室反对爱德华与沃利斯在一起，真的只是因为沃利斯的婚史复杂这么简单吗？

其实，早在第二次世界大战爆发前，美国联邦调查局就得到了一个令人惊讶的情报：白金汉宫之所以将温莎公爵夫妇赶了出去，是因为怀疑这对夫妻是纳粹德国的支持者。

原来，沃利斯是纳粹的狂热拥趸，她与德国驻英大使、第二次世界大战时期的外交部长约阿希姆·里宾特洛甫有密切来往，并长期为对方提供重要情报。

有数据显示，里宾特洛甫在英国期间，每天都要给沃利斯送 17 朵粉色的康乃馨，而 17 这个数字正是两人幽会的次数。

所以，如果让沃利斯成为皇室的一员，英国的反战立场将不复存在，英国政府将无法向同盟国做出交代，所以温莎公爵夫妇只能远走他乡。

后来，夫妇二人在法国流亡，沃利斯依旧利用自己的身份获取情报，并促成了丈夫与希特勒的副手赫尔曼·戈林的一个秘密协定。

协定是这样的：温莎公爵帮助德国取得胜利，然后戈林让希特勒下台，再帮助公爵回英国继续当国王。

不过英国情报人员最后还是知道了这个阴谋，首相丘吉尔立即做出指令，安排温莎公爵夫妇去遥远的西印度群岛北部的巴哈马岛国担任总督，这样既切断了他们与德国人的联系，也避免了夫妇二人的行为有损英国的形象。这就是温莎公爵被迫放弃王位的真相，其实白金汉宫并非绝对刻板，只是它对战争与阴谋不能宽容。

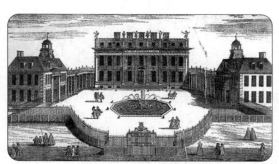

白金汉宫最开始的设计图

扫一扫
获得白金汉宫档案

海港大桥为何要到 75 年后才剪彩？

在澳大利亚的悉尼，有一座特别有名的大桥，名叫海港大桥。

作为一座钢筋水泥的建筑，它为何会享有盛名？仅仅是因为它坐落于悉尼歌剧院旁边吗？

答案并非完全如此。

它是世界上跨度最大的单拱桥，一天的通车量最多能达到两百万辆，而且它的交通全部是由计算机控制的。大桥两端有两座高达 95 米的桥塔，塔中安有自动摄影机，可以把经过大桥的每一辆车的车型、拍照和行驶状态都给记录下来，真正实现了自动化的规律运营。

海港大桥于公元 1932 年 3 月 19 日竣工，却直到公元 2007 年的 3 月 8 日才完成剪彩仪式，这不禁让人啧啧称奇：为何一座举世闻名的大桥要等到 75 年后才首度剪彩呢？

这还得从公元 1932 年大桥的通车仪式说起。

当天，是个风和日丽的日子，大桥上聚集着澳大利亚的各界名流和代表，一派喜气洋洋的气氛。

新南威尔士的省长积兰作为仪式的主持人，宣读了庆祝大桥落成的致辞，在他的身后，站着数字礼仪小姐，其中的一位手里托着一个铜盘，盘中放着一把剪刀，那是等省长讲完话做剪彩用的。

可能是为了宣扬民主的理念，主办方没有邀请代表英皇的省总督主持大局，这让保皇党们心存不满，他们个个面带愠色，暗骂市政府"偏心"。

就在省长快要讲完话时，一个令大家意想不到的情况发生了。

爱尔兰军人狄谷上校骑着他的高头大马雄赳赳气昂昂地奔到桥面上来，上校是个拥护帝制的极右派，他也对总督的"被冷落"感到无比愤慨，于是他冲散了人群，手中还握着一把刀。

人们见上校怒容满面，还以为他要砍自己，不由得惊叫连连，如潮水般蜂拥向桥头散去。

上校对此混乱的场面视而不见，他策马跑到省长身边，扬起了手中的刀。锋利的刀刃上反射出刺目的光芒，紧接着，那光便化作一道闪电，自空中狠狠地向地面劈去。

女人们惊声尖叫，以为上校要刺杀省长，而省长则因事发突然，只能呆若木鸡地站在原地，连逃跑都忘了。

只听"嘶"的一声，刀刃斩断了剪彩用的红丝带，上校豪迈地哈哈大笑，扬长而去。

结果，好端端的仪式就这么被破坏了，上校也被罚了五英镑，而由于举刀斩丝带的场景实在让人心有余悸，所以在此后的很长时间，都没有人提议要恢复剪彩仪式。

就这样，海港大桥的庆祝仪式也就不了了之，成为一段有趣的历史。

不过，人们仍旧没有忘记要为这座大桥好好地庆贺一番。

当年，为了造这座大桥，从设计到开工，建筑师足足花了一百多年，而在建造过程中，共有 16 名工人不幸遇难，建设的过程颇为不易，值得人们永远铭记。

于是，在 75 年后，悉尼市政府为海港大桥举办了一周年庆祝仪式，主持仪式者同样是新南威尔士省的省长，甚至连剪彩用的剪刀都是七十五年前相同的那一把。这一天，遇难工人的家属深情缅怀了自己的亲人，而桥边也矗立起一座纪念这 16 位遇难工人的丰碑，缺失了半个多世纪的祝贺，终于圆满地送出。

建造中的悉尼海港大桥

扫一扫
获得海港大桥档案

五角大楼为什么会引发众怒？

公元 1941 年 6 月，已经拿下欧洲大片领土的希特勒将触角伸向了前苏联，一旦他的企图得逞，侵入前苏联东部，与前苏联毗邻的美国势必将岌岌可危。

美国人立刻慌了手脚，总统罗斯福宣布全国进入紧急状态，陆军部的人数也开始以惊人的速度增长，而当时的美国尚没有一栋足够大的建筑来容纳那么多官员。

于是，三周后，布里恩·伯克·萨默维尔上将在华盛顿召开了一个陆军工程部紧急会议，49 岁的他神色严肃，紧皱的眉头表明将会有大事发生。

"我们需要一个新的总部。"上将直截了当地说，"这座建筑需要能同时容纳 4 万人办公，还要有一个能容纳 1 万辆车的停车场，同时过高的高度会毁掉华盛顿的城市景观，还会耗费宝贵的钢材，所以高度不能超过 4 层。"

工程兵们面面相觑，他们之中的有些人难免会联想到一幕搞笑的场景：总部如一个被压扁的面包一样，"趴"在广阔的绿地上。

上校却没有开玩笑的心思，他不容置疑地说："下周一上午，你们要给我基本的设计方案！"

要想建造一座庞大的建筑，先得选定地址。

经过反复商量，萨默维尔将总部设在胡佛机场北部的阿灵顿农场，因为该地区地势较高，不易被洪水淹没。

由于农场的形状有点像一个不规则的五角形，建筑师们就将总部设计成一个五边形的模样，并分成内外两部分，使之成为一个双重建筑。

不过，设计图出来后，很多人都不满意，觉得设计方案缺乏对称性，看起来非常不美观，有人甚至很生气，说道："这是什么玩意儿！"

但是，萨默维尔是个口才极佳的雄辩家，他打出了自己的王牌：不包括停车场建设费，总部的工程总费用将低于 3 500 万美元，并且在一年内就能完工。

于是，上至美国总统，下至国会高层，萨默维尔获得了一致的支持，两周后，工程就将启动了。

这时候，一些内行人连忙站出来阻止萨默维尔的计划。

美国国家美术委员会主席克拉克声称总部不能建在阿林顿农场，因为在农场附近有华盛顿的设计者皮尔的公墓，总部的兴建势必会破坏公墓的景致。

此外,国家首都公园与计划委员会也不同意萨默维尔的想法,这个组织的主席是总统的舅舅德拉诺,德拉诺认为总部若建成五角形,对交通系统会有很大的压力。

实际上,德拉诺也对五角大厦的样子不屑一顾,但他却不能明说,只得语重心长地对罗斯福劝谏道:"建造这样一个建筑真是令人遗憾啊!"

罗斯福被说服,同意劝萨默维尔在设计尺寸上进行修改。

没想到萨默维尔是个异常顽固的家伙,即使总统让他修正,也绝不听从,他固执地要让施工按原计划进行,不允许五角大厦有一点点位置的挪动或尺寸上的缩水。

由于战事紧急,他最后还是获得了参议院的支持,罗斯福总统很无奈,也很自责,谁让他当初没有认真思考就同意了萨默维尔的意见呢?

尽管人们都说五角大厦不好看,但是这种设计确实能提高对空间的安排率和对资源的配置率。

当大楼建好后,人们发现这座巨大的建筑还挺像战争时的堡垒,不禁觉得五角大厦亲切起来。

从此,大楼便以其独一无二的姿态成为世界建筑史上的一朵奇葩,散发出其特有的神秘和庄严的气息。

五角大厦档案

建造时间:公元 1941 年。

地理位置:华盛顿西南方维吉尼亚州的阿灵顿郡。

性质:美国国防部总部。

面积:60.4 万平方米。

容纳人数:4 万。

在职人数:2.3 万名军方人士和文职人员、3 千名非国防志愿者。

层数:5 层(地下有两层)。

水泥柱:41 492 根。

砂石:68 万吨。

混凝土:30 万立方米。

结构:大楼分内外两部分建筑,每一层由内而外都有一个环状走廊,大楼走廊的总长度为 28.2 千米。

地位:美国军事的象征、世界上最大的单体行政建筑。

罗浮宫前最初有没有玻璃金字塔?

谈起巴黎,人们会想到罗浮宫,而谈到罗浮宫,人们又总会想起这座宫殿前美丽的玻璃金字塔。

有些人甚至认为,玻璃金字塔本来就是罗浮宫的一部分,是人类建造出的第一个玻璃材质的建筑物。

看来玻璃金字塔的确太过于出名,征服了很多人的心,才会造成这种错觉。

其实,罗浮宫始建于13世纪,而玻璃金字塔建于20世纪末期,两者的年龄差了足足700岁呢!

可是当游客驻足于罗浮宫前的广场,会发现金字塔与宫殿相得益彰,不得不佩服建筑师的聪明。

而这位优秀的建筑师就是贝聿铭,一位美籍华裔的设计师。

贝聿铭一生成就斐然,获得过多个国家的奖项,但当法国总统密特朗钦点他为改造罗浮宫的总工程师时,还是引发了全法国的舆论风波。

首先要说一下罗浮宫为什么需要改造。

因为罗浮宫的年代太久远,亟须维修,而且宫殿的结构过于复杂,常常让游客摸不着头绪,并且展厅那么大,洗手间却只有两个,所以当时的法国人还将其评为"最不值得去的博物馆"。

于是,密特朗就向世界上十五个知名博物馆的馆长征询人才,结果有13位馆长都推荐了贝聿铭,密特朗很高兴,立刻请贝聿铭出山。

没想到贝聿铭却说:"我已经62岁了,不想再去招标竞争,你要是信得过我,就把这个项目直接交给我负责。"

密特朗有点傻眼,即便贝聿铭真的很优秀,可是改造罗浮宫是个大工程啊!

一面是亟待重修的罗浮宫,一面是气定神闲的贝聿铭,密特朗也是个大胆之人,他伸出双手,对贝聿铭说:"恭喜你成为罗浮宫的总工程师!"

法国人是骄傲的,他们认为法国的瑰宝应该由法国人自己建造,怎么能让一个美籍华人做呢?法国的历史、文化、风俗,贝聿铭了解吗?

年过花甲的贝聿铭顶住了质疑的声音,他再三承诺:作为一个同样拥有古老文明的国家的传人,他一定会尊重法国的传统。

　　尽管抵制的浪潮汹涌不断,贝聿铭还是抓紧时间动手设计,他计划在 U 形的罗浮宫中庭建一个巨大的玻璃金字塔入口,以便分散人流。

　　孰料方案一出,整个法国民众觉得这是在画蛇添足,狂呼:贝聿铭的举动比滑铁卢战役后英国人企图掠走罗浮宫的珍宝还要让人愤怒!

　　法国官员们也不能理解,痛斥金字塔是"一颗丑陋的钻石",90%的法国人整日用言语对贝聿铭狂轰滥炸,此情此景让贝聿铭的翻译都吓得瑟瑟发抖,差点就不能帮助贝聿铭完成建案的辩护。

　　可是贝聿铭依旧不为所动,即便面临职业生涯中最艰难的时刻,他仍不忘采取各种方法来寻求支持。

　　他找到巴黎市长希拉克,诚恳地与对方探讨巴黎规划的重要意义,而希拉克尽管是密特朗的死对头,却不能不为贝聿铭的想法所感动。

　　希拉克公开支持贝聿铭,但他提了一个要求,要贝聿铭先在罗浮宫竖立起与实体同样大小的模型让公众检验。如果六万民众都赞同模型的设计,那么贝聿铭就可以建造玻璃金字塔了。

　　事实给了贝聿铭最好的证明,巴黎民众觉得金字塔确实没有那么难看,而且方便了他们参观罗浮宫,最后绝大多数人都站在了贝聿铭这边。

　　接下来,贝聿铭又在政府官员的头上开刀了,他要求在罗浮宫办公的财政部撤离宫殿,让罗浮宫完全为游客开放。

　　财政部本来不同意,可是媒体穷追不舍,官员们只好乖乖听话,让贝聿铭在罗浮宫里大展拳脚。

　　5 年后,一座巨大的玻璃金字塔在罗浮宫门口建立起来,法国人欢呼不已,他们甚至宁愿排队等着进金字塔,也不愿从另外两个入口进入罗浮宫。人们对金字塔的欢迎一度超过了埃菲尔铁塔,这颗"丑陋的钻石"一下子成了巴黎最璀璨的钻石!

玻璃金字塔

扫一扫
获得玻璃金字塔档案

悉尼歌剧院为何让设计师与澳洲势不两立？

在遥远的南半球，有一座繁华的都市——悉尼。它以优美的环境和发达的经济而著名，而一座奇特的建筑更是增添了它的魅力，那就是悉尼歌剧院。

很多人对悉尼歌剧院的起源并不陌生，它由丹麦建筑师约恩·乌松设计，而灵感则来自一颗剥了一半皮的橙子。

当年，悉尼歌剧院向全世界征集作品，约有 30 个国家的 230 位设计师为了这个项目而贡献出了自己的得意之作。

乌松也想让自己的杰作矗立在悉尼这座国际大都市的中央，他绞尽脑汁，日思夜想，终于在一个早晨，当他剥开一颗橙子的时候，歌剧院的外形如闪电一般在他脑海中闪过，他激动地跳起来，说道："歌剧院就该这么设计！"

可是，项目要实施起来却遇到了一连串的阻力，乌松也没想到，自己竟然因为悉尼歌剧院而跟整个澳洲结下了深仇大恨。

最初，乌松的设计在初选时被否定了，后来评审委员之一的美国建筑师埃罗·沙里宁慧眼识英雄，看到了乌松的设计图，惊叹道："这不正像一连串叠加的贝壳吗？真是既有创意，又符合悉尼这座海滨城市的特色啊！"

于是，先前并未有过多少代表作的乌松侥幸遇到贵人，他的设计案被采纳了。

在得知这一消息后，乌松觉得自己的事业得到提升，他让全家都前往悉尼，称自己爱上了这座城市，并发誓一定要把歌剧院造好。

一开始，乌松一家确实受到了热烈欢迎，乌松也深受感动，以高规格去要求歌剧院的施工。

结果，几年后，预算逐渐告罄，而歌剧院仍只是一方露出水面的平台。

悉尼市民按捺不住，纷纷质疑乌松的设计，连政府也开始缩紧开支，使得工程无法再开展下去。

乌松所受的待遇与之前相比真是有着天壤之别，他甚至都拿不到自己的薪水，一家人的生活都成了问题。

这时，乌松有点生气，他决定故意刺激一下政府官员，就递交了一封辞职信。

他以为那些官僚会诚恳地挽留自己，没想到当他把信寄出去后一小时，一封回信打破了他的幻想，政府同意他辞职，而且态度非常冷淡。

乌松失望至极,他愤而带着全家回到欧洲,并跺着脚发誓:从此以后再也不踏上澳大利亚的土地半步!

没了乌松,悉尼政府另请了澳大利亚的设计师继续完成歌剧院的建设,而新设计师其实秉承了乌松的理念。可是当公元1973年剧院落成时,没有提到乌松的名字,仿佛这座乌松倾注了九年设计心血的作品跟他没有一丝关系似的。

直到公元1999年,悉尼政府才与乌松达成了和解。因为歌剧院虽然外观宏伟,内部结构却非常糟糕,也许是后来的建筑师还是不了解歌剧院的整体构架,才会导致这种问题的出现。

乌松为歌剧院设计了一个柱廊,但他仍旧拒绝去澳洲,甚至都不给英国女王面子,而后者正打算召开大会,表彰乌松的杰出贡献。

公元2008年,乌松心脏病发,在睡梦中溘然长逝,享年90岁。

直到他去世,都没再去过澳洲,也没再亲眼看一下自己这辈子最伟大的艺术作品——悉尼歌剧院。

悉尼歌剧院档案

建造时间:公元1959—1973年。

耗资:1.02亿澳大利亚元。

别名:船帆屋顶剧院。

美誉:翘首遐观的恬静修女。

长度:183米。

宽度:118米。

高度:67米。

面积:1.84公顷。

颜色:白色或奶油色。

所用瓷砖:105万块。

组成:由三组巨大的壳片组成,第一组在西侧,有四对壳片,其中三对朝北、一对朝南,里面为音乐厅;第二组在东侧,与西侧形式相同但规模略小,里面是歌剧厅;第三组最小,在西南方,只有两对壳片,而里面是餐厅。

座位:音乐厅内2 690个,歌剧厅内1 547个。

地位:澳大利亚的象征、悉尼的地标。

迪拜旋转塔是如何旋转的？

原始社会，人们造房子是为了给自己一个可以遮蔽风雨的栖身之所，因此房屋必须要稳固，不能有一丝一毫的晃动。

如今到了 21 世纪，建造技术越来越发达，在满足了基本的"稳定"这个条件后，人们再也不满足于中规中矩的建筑风格了，于是，各种五花八门的设计新鲜出炉。

在全世界令人惊奇的建筑中，恐怕要属迪拜的旋转塔最令人震惊，因为这座大厦能够像螺丝钉一样地旋转，这不禁惹人质疑：这样的建筑能住人吗？

旋转塔由意大利建筑师戴维·菲舍尔设计，他在公元 2009 年的时候向世人宣布：自己将在迪拜建成全球首个靠风力发电的摩天大楼，更重要的是，这栋楼是会旋转的！

消息一传出，立即引起建筑界热烈的讨论，虽然迪拜以奇特建筑出名，但这一次似乎搞得太大了，简直就是超越人类的极限啊！

有人预估，按照迪拜五六年修一栋大厦的纪录，旋转塔至少也得造三四年，而且怎么能够很好地利用风力也是个难题。

谁知，菲舍尔在开工后告诉大家：塔顶与塔底正在同步建设中，而且将会以极快的速度竣工！

这听起来实在匪夷所思，而且工地上也没有很多的工人，菲舍尔也不在，难道他是在说谎吗？

其实，菲舍尔此刻正在意大利南部一家工厂的工作室里。

原来，他所采取的是拼组法，也就是先在工厂里把旋转塔的每一层的每个房间都装修好，然后运到施工现场，这样的话只要沿着塔中央的固定水泥主干一层层组装就可以了。

后来，菲舍尔的做法受到了业内的一致好评，并且有了一个全新的名字——菲舍尔法。

就这样，旋转塔的建造时间比一般大厦快了 5 倍，而且中央的水泥主干两天就能建一层，只要 104 天就能造好了，而施工现场也只需 2 000 名工人，能够节省几千万美元的预算成本。

说到这里，大家也就会明白为何旋转塔能够转动，因为每一层都是围绕着固定不动的主干在转,只要主干够结实稳固,塔身怎么动都没问题。

有人会忍不住好奇地问菲舍尔:"既然大楼会转,住在上面不会头晕吗?"

菲舍尔笑着回答:"当然不会,因为大楼的旋转速度非常慢,一般人是察觉不出来的,就如同人在地球上,而地球也会自转一样,我们根本感觉不到大地的转动。"

这栋不可思议的大厦已经于公元 2010 年完工,当人们在任意一个时刻凝视它时,都会为它不断变化的外形而倾倒。

这座世界上最奇异的建筑,必将在未来很长一段时间内成为建筑史上无法超越的传奇。

迪拜旋转塔档案

建造时间:公元 2009—2010 年。

别名:达·芬奇塔。

耗资:7 亿美元。

高度:420 米。

层数:80 层。

转幅:每层楼每分钟最多转 6 米,90 分钟旋转 1 周。

公寓售价:平均 3 万美元/平方米。

特色:每层楼之间都会装风力涡轮机,最高年发电量为 100 万千瓦,除供自身旋转外,还能供给楼内的用户。

组成:由办公楼、酒店、豪华公寓和别墅构成。

地位:世界上第一座可旋转的大楼、世界上第一座预制大楼。

扫一扫
获得《关于逻辑学的 100 个故事》